我的
雨林花園

夏洛特◎著

我的雨林花園【目錄】

第一章 不可預期的旅程............15

第二章 熱帶雨林的類型............73

第三章 打造雨林花園............109

第四章 雨林植物的日常管理............197

走進熱帶花卉的天堂

城市長大的小孩，
放學回家後，
可以活動的空間往往就只有陽台，
陽台外極目所見，除了高樓還是高樓，
何不利用家裡的小陽台種植熱帶花草，
來滿足他的想像空間，
並藉由熱帶雨林科普及探險書籍
的引誘與驅使，
前往綠色森林的國度，一探究竟。

　　自幼喜歡栽培植物卻住在都市，總是苦惱家裡可以種花的陽台光線不足。實際上，空間狹隘也是問題之一，翻遍值得參考的園藝書籍，又都是日文或英文的翻譯著作；想當然耳，書中介紹的植物都是一般熟悉的溫帶園藝植物，然而位居亞熱帶南端的台灣島，或可說是熱帶交替的環境，想栽培溫帶植物，夏天必須與高溫奮戰，找出避暑對策，否則最後只有剩下一堆空盆子。

　　為何亞熱帶地區栽植的園藝植物多是溫帶植物呢？我一直感到很疑惑，一般認為，熱帶雨林的物種超過地球上其他生態區域，難道熱帶雨林中沒有吸引人的植物嗎？抑或即使有，也比不上那些溫帶植物的多與美呢？

我與熱帶雨林植物結緣

　　多年前，偶然的機會裡，我接觸到熱帶的觀葉植物，發現它們在我家那朝北、光線不足的陽台上適應良好。在一些外文觀葉植物書籍中，我看到許多未曾見過的稀有植物，那些異國植物不時縈繞

產於泰國的盾葉刺軸梠,葉片像是伸展於空中的盤子。

蜻蜓鳳梨葉緣銳利的刺,宛如鯊魚劍一般。

玉鳳蘭屬的花朵像極了飛翔中的鳥。

廣泛分布於中南半島的玉鳳蘭 *Habenaria medioflexa*,由於族群多是零星分布,已相當罕見。

我的腦海,牽引著我的想像。另一方面,我也看了不少前往熱帶雨林探險的相關書籍,遂醞釀起想去一探究竟的念頭,每次翻閱這類熱帶雨林生物書籍,就像是打開了一面窗,彷彿穿過都市水泥建築物,看到遙遠國度隱藏的寶藏。

赫蕉之園藝栽培種——性感粉紅，由於在熱帶地區終年開花不斷，是重要造園與切花的材料。

產於中美洲的紅眼樹蛙，擁有強烈的色彩搭配。

1992年春節過後，我和幾位飼養熱帶魚的朋友前往婆羅洲。那次熱帶魚的採集旅程，讓我有幸見到熱帶雨林的原始面貌。雨林中，除了可見到許多書籍圖鑑中熟悉的植物影像外，還有更多未曾見過的，真是大開眼界。從此，熱帶雨林國家成了我旅行的首選之地，每次旅行都發現太多太多書裡查不到的美麗植物。我猶如進入未知寶庫，自此迷失在神秘綺麗的森林中。

遺憾的是，熱帶雨林的砍伐越來越嚴重。第一次去婆羅洲時，

綻放中魔芋的花朵，引來許多蜂類採集花粉。

寶鐸花巨大懸垂的花序是由許多小花所構成的。

婆羅洲雨林中的光線，穿透生長在林床上的刺軸椰分裂的葉片。

位於婆羅洲砂勞越西南角與印尼交界的森林
被砍伐後的景象，這在婆羅洲已是極為平常
的現象。

曾經造訪過一座原始林的小池子，兩周之後再次前往，樹林卻已夷為平地，當時的錯愕，至今依然無法忘卻。

每次的雨林之行，都可感受到環境破壞的壓力，相信有太多物種在人類未知前，就已消失了。如今大多數的人都知道熱帶雨林蘊藏著

地球上最豐富的物種，但不知到底有些什麼。我衷心期盼藉由這幾年在馬達加斯加，在泰國邊境沿著寮國、緬甸至馬來半島，在蘇門答臘、爪哇、新幾內亞和澳洲的約克半島之所見，所紀錄的植物圖像，讓大家知道許多美麗的植物正快速地消逝。也希望透過自己熱帶植物的原鄉及雨林自然棲地的經歷，讓讀者了解與感受暗藏在雨林祕境深處的魅力。

台灣是熱帶花卉的天堂

　　馬來西亞愛花者所稱羨的雲頂高原（Genting Highland）、金馬侖高原（Cameron Highland）的花朵，以及泰國朋友口中永遠不會遺漏的清邁，似乎所有美麗的花都來自這些寒冷的高地，這裡是令熱帶居民驚艷的仙境。但是如果抱著一探人間仙境的預期去清邁或是雲頂，我想台灣的愛花者會很失望。因為在那裡，許多熱帶愛花人所期盼的美麗花朵，竟是台灣隨手可及的草花；逛清邁花市或是雲頂及金馬侖，對台灣人而言，就跟去一趟田尾或建國花市的感受一般。原來長久以來，我們只看到台灣不適宜溫帶花卉的一面，卻忽略

大花曼陀羅之園藝種——厄瓜多粉紅，花色會隨著開放的時間改變，由淺綠逐漸變為白、粉紅至桃紅。

圖為大花曼陀羅之園藝種——亞買加黃，在台灣栽培也相當容易綻放。

毛地黃、洋甘菊與虞美人是在台灣冬季不難栽培的草花，但在熱帶地區卻宛如稀世之珍。

了它可是熱帶及亞熱帶花卉的天堂。

以英國為例，當初英國人接觸熱帶植物時，也是被熱帶植物的絢麗所驚艷，遂挾其富有強大的國勢，建造溫室，不惜成本地在寒冷國度中種植熱帶植物，但終究在社會環境的變遷與經濟現實的雙重壓力下改變，轉而認同英國自有的低溫環境，引種與種植溫帶花卉，特別是來自喜馬拉雅山、智利與北美等地耐寒的植物。今天我們會覺得英國的花草特別美，其實超過百分之九十的種類，其原生地可能都來自北美、南半球或是雲南及喜馬拉雅山等高冷地的引進後所育種改良。相反地，如果我們放棄種植不適宜本地的溫帶花卉，改種可輕易栽培的熱帶及亞熱帶花卉，不是事半功倍嗎！

人類栽種溫帶植物已經有千年的歷史，關於溫帶地區園藝植物的文獻及圖繪不勝枚舉。反觀熱帶植物，自大航海時代移入歐洲各國栽培以來，至今四百年不到，因此熱帶植物園藝化的程度，遠不及溫帶植物多樣。幸好熱帶雨林寶庫裡，即便只是一個野生原種，其多樣的物種變化，便足以和溫帶百年改良的園藝植物相匹敵。

地球逐漸暖化，在台灣，適宜栽植溫帶花卉的冬季低溫越來越短，嘗試栽植不需要低溫且適合本地的熱帶植物，應是可行之道，而且只要適當的選擇、參考溫帶園藝植物的應用模式，種植熱帶植

上排由左至右：泰緬邊境的錦葉葡萄、水晶花燭、異葉山藥。左下：盾葉刺軸梠。右中網紋星蕨。右下葉片綴化的水龍骨。

吊鐘花、金魚草、銅錢花與矮牽牛幾乎是構成熱帶山區觀光地的重要點綴植物，然而在亞熱帶卻是很家常的植物。

筆者由於家中的空間狹隘，曾經有一段時間必須在鐵窗外再架設架子，讓喜愛陽光的鳳梨與杜鵑可以快活生長。

物也一樣可以享受著類似溫帶環境的美麗園藝生活。

很多人不解我對園藝為何如此著迷？我只能說，熱帶園藝的樂趣不僅僅來自植物華麗的一面，關於熱帶植物的起源，棲地中巧妙的生態系，以及植物與氣候變遷間的相互關係，甚至地球的板塊移動等等，林林總總，都足以讓人深思且沉迷其中。

第一章
不可預期的旅程

知道我常去雨林，朋友們常聽我描述各種珍稀植物，以及森林中豐富的寶藏，都露出無比嚮往的表情，希望哪天也可以同行，然而，一聽我訂的日期，都惋惜行程無法配合，不可能請這麼多天假，想要成行，大概只能等退休後吧！

隨遇而安的雨林探險

另一種情況是雖然請假了，然而問到行程中可以看到哪些植

在蘇門答臘高地找到了 *Nepenthes inermis* 豬籠草。

在婆羅洲古晉郊區的石灰岩壁近垂直的山壁上，找到了諾斯豬籠草。

物，我的回答總讓他們不知所措：「不知道可以看到什麼植物。」其實誰又知道在雨林裡會遇到什麼植物？這麼一來，他們便開始擔心難得的假期，花在一切都不確定的森林裡，似乎太冒險。如果對方還想確認有沒有可能什麼都沒找到，我的回答是：「有可能。因為我不知道計畫去的那座森林，抵達時，是否已被清理為一座木材堆積場，或是被火燒過，剩下一根根立在地面的木炭。」想當然耳，絕大多數的人無法接受這樣的回答。他們無法想像我給他們看的野外植物圖片，拍攝前，竟然不知

顏色如彩虹般的尼可巴鳩，多
數只發現於印度洋的小島上，
偶爾會迷途飛至馬來半島。

個性害羞的猴子躲在葉片後，窺探闖入
森林的訪客。（攝於馬來半島森林）

分隔婆羅洲沙巴與砂勞越的界山終年雲霧繚
繞，至今還是人跡罕至之處。

道它們的存在。

　　或許今人已經習慣了團進團出的旅遊模式，行前會先掌握景點和行程內容，即便是背包客也是做了功課，知道前往的地點大概會遇到哪些東西。應該不會有人到了一個地點，便隨性跳上一輛開往未知的巴士吧！

　　曾經自婆羅洲友人羅伯那裡得到一張婆羅洲砂勞越的詳細水文圖，當時的感受，就像是在十七世紀大航海的年代，獲得一張前往金銀島的藏寶圖那般雀躍，和好友阿孟森描述自己的計畫，得到的答案卻是：「太過於瘋狂，簡直是用手指在地圖上旅行！」或許我和別人不同，總是大膽相信「熱帶雨林有無盡寶藏」，即便撲空，也能接受，就當作教訓吧！

赫斯山群的行前烏龍事件

　　一次計畫到婆羅洲內陸未知的赫斯山群（Hose Mountains），因為這座山群雖然有名，卻根本沒有路可以前往。根據地圖上的標示，只知道可以利用既有的河流與水路搭船，再爬山三天兩夜抵達，於是便以此為路線規劃。某天，阿孟森跟我說，他從一位朋友口中得知，在卡皮特鎮上的一位醫院急救人員曾去過那裡，也知道如何前往。於是我和台北的丹尼爾約好飛往砂勞越古晉會合，再花了一天的時間自古晉搭船出海，抵達拉讓江（Rajang River）的出海口城市後，轉搭江輪，上溯拉讓江，抵達卡皮特鎮（Kapit，早期台灣外文書籍翻譯多直譯為卡皮特鎮，其實當地華人以福建方言發音寫作「加帛」）。

　　我們充滿期待地抵達這個經常在探險書籍出現的婆羅洲內陸都市後，便馬上連絡那位急救人員，並約好見面地點，心想：原來路況是這般簡單，一切都很順利。

　　碼頭上，我們見到了那位急救人員，他好心地為我們安排住宿旅館後，便約在樓下的咖啡店一起討論如何前往赫斯山群。阿孟森詢問他如何前往，他說：「我是參加急救演習時去的，那時是搭直

婆羅洲原住民嚼用的菸葉是對抗螞蝗的聖品，將沾過水的濕菸葉纏在鞋子與襪子的交接處或褲管間，螞蝗一旦碰到，非死即傷，然而泡過菸草的水卻沒有任何驅散的效果。

升機，而且還在山群的最高峰盤旋過！」見他兀自興高采烈，我們三個人卻感到一陣暈眩。

　　他察覺到了我們的失望，卻反問我們是不是要去那裡？當然，不然誰會為了聽他的故事而搭一天的船來到這裡。他認為我們先搭船再爬山的計畫，很困難，近乎不可能，於是想了一下；接著半小時，只見他忙著撥電話約人過來談，每隔一段時間，總是一批人來，又一批人走，而我們彷彿像是這些人眼中做白日夢的瘋子。

　　最後，在一群人中打聽到一位可能幫得上忙的仁兄，於是急救人員仍興奮地聯繫，我們也再度燃起希望。終於，這位仁兄駕臨，在跟大家一一握手，坐下來喝杯飲料後，竟然回答：「不知道耶！」頓時，我們又跌回愁雲慘霧之中，「不過，對面那個餐廳的老闆可能知道，因為他是從那座山群山腳下的村子來的。」哇，問了一堆人，一個透過一個，最後線索竟然是在對面餐廳！然而，此時餐廳已經打烊，只好等明天早上開店後再問，於是急救人員約我們明天在他平時吃早餐的店家見面。

翌晨，江面上濃霧未散，我們已在餐廳等待宣判。只見那位急救人員還是熱心引薦很多他的好友。吃完索然無味的乾撈麵和咖啡後，我們前往那餐廳，當然又是先點了飲料，然後請店員幫我們詢問老闆。年輕的老闆表示，他確實來自那山區，但是如果我們要去的話，最好先徵得他父親同意，因為他父親是村長，有權決定是否讓我們進入村子。幸運的是，他父親今天剛好來卡皮特鎮辦事，此時正在另一個咖啡店，要我們趕快過去。於是我們大隊人馬又浩浩蕩蕩地趕到那個咖啡店。

　　到了那裡，又點了一次飲料，和村長表達了來意，告訴他我們希望前往他的村子，並且攀登赫斯山群，他考慮了一會兒才同意，並且在一張白紙上寫下停靠的碼頭及村子的名字。碼頭的名字很陌生，不曾在那張已經看過很多次的地圖上出現，後來才曉得這些伐木營的碼頭名稱都沒有記載在地圖上。這時，那位急救人員接到電話，他朋友說一位刺青師父知道如何前往，因為中午開往上游的船隻就快到了，我們必須爭取時間，於是我們又趕往刺青店。經過詳

婆羅洲內陸居民將狩獵到的山豬支解後，背到市集販售。

婆羅洲內陸的長屋生活，入夜後多半是在長屋的走廊上聊天、玩樂。

快艇是婆羅洲內陸重要的交通運輸工具，用來運輸日常貨物及糧食。

細詢問，總算有了前往上游祕
境的大致路線。

　　接著趕去超市打點需用的
物資、水、罐頭、蔬菜等。村
長說村子有米，倒是讓我們省
去了帶米的麻煩。費力地將沉
重的物資扛上江輪後，船終於
開了。江面上不時可以看到順
江而下、載滿原木的船隻，偶
爾也看到一些撞到暗礁的殘

伐木用的林道多半是沒有鋪裝過的
道路，一旦遇到下雨，便會泥濘與
滑溜，對駕駛而言是相當危險的考
驗，車子在此多半會失去控制。

船。沿著河岸兩旁的樹木早已被砍伐殆盡（事後與伐木工人閒聊才
知，伐木早就沿著河上游，一路砍到了印尼邊界），原來在夢境中
的婆羅洲，那種大河兩岸都是茂密高樹的印象早已經不存在。過了
半天，沿河的小村落陸續有返鄉村民下船，詢問一位小姐是否知道
那村長說的碼頭，沒想到她竟然來自同個村落，我們因此榮幸地搭

小艇是深入婆羅洲內陸森林的重要工具。

石灰岩壁經過雨水沖刷之後，
鋒利如刀，如果不帶手套而直
接扶著攀爬或是直接採上去，
都會造成嚴重的肢體傷害。

婆羅洲雨林中，粗大的藤蔓是攀爬石
灰岩與大樹的重要利器。

上她男友的四輪傳動車一同
前往。碼頭通往村子的道路
只是壓實並未鋪裝，一路上彈跳似地前進，如果不幸碰上前方有
車，就會捲入揚起的土塵中，簡直無法呼吸，不過，土塵總比泥漿
好，這種路一經下雨，便成了可怕的泥流。經過三小時的蜿蜒山
路，終於見到盆地中的小村莊，而終日思慕的赫斯群峰，已在遠方
一字排開。

必須依賴當地朋友的協助

今天人們為了獲取資訊，往往只要將目的地輸入Google，找到
一些實用的相關網站後，再試著連接其他網站，就可以找到想要的
答案。回想在卡皮特鎮，不免感觸良深。在原始的社會中，如果想
獲取資訊，就必須像這樣，透過一個個不同的人及其複雜的社會關
係，還必須靠機會和運氣，才能得到一張路線圖，這張路線圖卻又
不是能從任何網際網路上找到的。從台北趕來的丹尼爾，當時一定

難受得想吐，因為他不知道行前會需要坐這樣多攤咖啡店，喝那麼多杯咖啡。我想，在完全沒資訊的情況下出發，總有很多事情讓人不可思議吧！

　　一般來說，前往預定的目的地，必須依賴當地朋友的協助，否則難以完成這些區域的探索。因為只有當地人才知道該地區的風險（包括自然的及治安的）。即便有了熟悉當地的朋友，最好還是能找到標的點的在地居民陪同才好，因為鄉野居民往往將自家後院的定義延伸到家後面視線可及的山脈，如果擅自前往，可能會引起不必要的麻煩與誤會，就像不速之客翻牆到你家陽台，來看看你種的花一樣。何況，如果他們在山裡設下捕獸陷阱，也只有他們知道位置，誤闖危險太大。我就曾經在一次計畫好的路線上，遇上村民獵捕山豬，為了避免被流彈所傷，只好避開打獵路線。

　　攀登時，除非需要長距離的平面移動，我很少穿運動鞋，而是直接穿溪釣用的長筒釘鞋，一來可以防滑，又得免除螞蝗及螞蟻的叮咬。由於雨林裡多的是有刺的藤，以及需要攀爬的鋒利石灰岩，因而手套也是必備之物。此外，很多人習慣穿長袖衫來防蚊，我並不建議，因為熱帶雨林裡雖然不是很熱，濕度卻很高，只要移動一陣子必定感到悶熱，穿著長袖衫往往沒能防蚊，反而會因流汗過度而虛脫。況且，熱帶的蚊子可輕易穿透衣服來叮人，除非穿兩件以上，不過那更超過了我可以負荷的溫度。防護蚊子的惱人問題還是交給防蚊液吧。只是防蚊液只能防蚊子，對於旅途中可能遇到的蜂類及蛇類並不很有效。

　　其實在生態系統尚稱完整的婆羅洲及蘇門答臘，蚊子依然還在受天敵控制的範圍，碰到蚊子肆虐的機會應該並不多。但在馬來半島及泰國的森林中，便會像在台灣山區遇到的情況一樣，蚊子如雲霧般擾人。很多泰國朋友聽我抱怨泰國山裡的蚊子很多，他們多半大為驚訝，當我描述物產豐富的婆羅洲居然蚊子很少，而且石灰岩區及流著黑水的泥炭森林裡連螞蝗都沒有，他們抱著懷疑的態度，但這確實是今日最後的雨林的真實面貌。

奇麗火山與高山湖泊組成的原始祕境

蘇門答臘

　　蘇門答臘是印尼群島中最西方的島嶼，也是在冰河期結束後，最後一個與亞洲大陸分離的島嶼，因此，這裡像是銜接亞洲大陸與印尼諸島嶼的走廊，在這裡，許多植物也分別出現在對岸的馬來半島或婆羅洲，當然，這裡也有許多特有種的植物，比方說世界最大的花，萊佛士花（以花朵直徑來算）與世界上花朵最高的花（以花的佛焰苞來衡量）都產在蘇門答臘。

　　由於赤道剛好橫貫蘇門答臘，因此整座島都屬於赤道雨林的環境，島中央有著狹長高聳的山脈，綿延達一千多公里。整座山脈由火山構成，遠遠看去相當壯觀。由於這座山脈既長且高，來自南中國海與印度洋的潮濕海風都會被它攔截下來，使得整個蘇門答臘島

由印度洋板塊與歐亞大陸板塊所推擠而成的高地，造就今日蘇門答臘綿延不斷的火山山脈，也是導致今日超級強震的發源地。

的降雨量相當驚人。另外，也因為有高聳的山脈與一座座錐形分離的火山，導致許多熱帶高山的物種得以分離成許多不同的族群，讓蘇門答臘的熱帶高地出現許多特化的奇妙植物。

此山脈的西側，多半緊鄰海岸，有點類似台灣的東部，海岸邊的平原腹地相當小；山脈東側則是寬廣的平原低地，但是此低地多

蘇門答臘山區的道路多是崎嶇蜿蜒，土石流、山崩乃家常便飯之事。

是類似婆羅洲那般的泥炭濕原，無法栽種水稻和其他農作物。從前，這裡曾是許多熱帶低地生物的樂園，直到人們發現可以用泥土填平泥炭濕原來栽植油棕，致使這裡成為近年來生態破壞最嚴重的區域之一。每次火燒森林產生

蘇門答臘有少數的石灰岩分布，由於地勢陡峭，石灰岩上的森林得以保留不被砍伐，原生物種也因而幸存。

蘇門答臘所剩不多的雨林巨木，多是少有商業價值的樹種，高價值的樹種
早已於上個世紀採伐殆盡。

泰坦魔芋*Amorphophallus titanum* 身軀巨大，很難讓人想像是草本植物。

影響新馬等地城市的「霾害」，都源自於此。

　　蘇門答臘因為南北長而東西窄，因此從沿海港口深入內地相當容易，遠在歐洲殖民時期，此地便已經開發，所以原始林已很少見到，目前大概只剩亞齊省與北蘇門答臘省之間，此外，西蘇門答臘省與朋姑露省（Bengulu）交界的兩座國家公園也有原始林。其他地區的森林多半已經被砍伐，只剩零星點綴。雖然這裡的人口不如鄰近的爪哇島多，但開發程度卻已像台灣，如果再不停止砍伐，每座山上的特有生物恐怕會在很短的時間內滅絕。

　　相較於印尼其他諸島，我感覺蘇門答臘的人相當友善，或許是因為這裡不像爪哇島擁擠，人們不需要那般

花崗岩表面少有石灰岩那般被雨水腐蝕的凹洞，因此大樹要生長於此更顯得不容易，多是比較低矮的植物才能攀附其上。

在蘇門答臘高海拔的山區，某些陡峭的崩塌地可見大面積的林投屬植物。

生長於蘇門答臘山地雲霧林的豬籠草 *Nepenthes inermis*，造型相當特殊。

水牛角般的屋簷是米南加保族建築物的特色。

蘇門答臘高地之米南加保族的典型房屋與穀倉。

蘇門答臘的巴東料理是印尼美食中的重要菜色，多是以椰漿拌煮咖哩，當地人多直接以手抓食，不用餐具。

茶葉的栽培已經讓蘇門答臘高海拔的森林為之毀滅，原為諸多特殊生物的居所，今日只剩廣大的茶園。

競爭吧。蘇門答臘島上的諸多民族，自古以來便擁有高度文明，來這裡遊玩，除了欣賞熱帶雨林中的稀有植物，還可以踏勘這個由奇麗的火山與高山湖泊組成的祕境，以及觀覽周邊奇特的建築物和品嚐道地的美食。

肥沃的火山灰與火山間平坦廣大的高地，造就了蘇門答臘農業的異常發達與富庶，這和周圍的婆羅洲有極大的差異。

超過兩千公尺的高地上，有許多菫菜種類。

高海拔雲霧林的林床下，是許多苦苣苔植物的綻放舞台。

東南亞僅存的最後樂園

婆羅洲

　　婆羅洲島大概是所有東南亞島嶼中，最具獨特代表性與生態完整性的一座，整個島的三分之二是印尼的加里曼丹，只有三分之一屬於馬來西亞的沙巴與砂勞越兩州與汶萊王國。在加里曼丹，超過地表面積一半以上的森林都被砍光，有些地方被種植了替代原始林的銀合歡或桉樹等，供作紙漿；在那裡，只能看到單一樹種，就像海洋一般沒有邊際，卻可想見，樹下的生物應當都已滅絕。

　　馬來西亞的兩州，森林也好不了多少，未來還會遭到砍伐，並被油棕所取代。不過，目前環保意識抬頭，許多國際環保人士正遊走於各土著部落，試圖提供他們更多的環保資訊與技巧，以及對抗政府土地開發計畫的策略，但未來會如何演變，目前還看不出端倪。雖然目前擁有島上領土的三國已經簽署了婆羅洲心臟的保育計畫，但是樹依然在心臟內部遭砍伐，不知最後會不會只是一張徒具形式的合約？

在經濟的誘因下，婆羅洲最後恐怕也會像馬來半島一般，變成一個巨大的油棕工廠。

在婆羅洲內陸的部分地區，今日還可以見到由飛機上遠眺地平線無邊無際的森林樹海。

　　婆羅洲的山脈走向相當複雜，致使遲至20世紀中葉才被開發，許多森林的物種至今還維持未知的狀態。由於地形複雜，此處遍布蜿蜒曲折的大河，如果想體驗熱

許多罕見的物種，只出現在婆羅洲這種石灰岩上的樹林中。

帶雨林的大河之旅，卻沒太多時間也沒太多錢，來婆羅洲絕不會失望。婆羅洲物種豐富還有個很重要的原因，就是這裡的石灰岩地形分布相當廣泛，許多石灰岩被原始森林分隔成獨立的生物島，短短距離便可發現不少類似卻又不同的生物。

　　和其他鄰近且氣候近似的地區相比，沒有任何一個地方物種的

繁複可以和婆羅洲相提並論。即便今日已被嚴重開發，婆羅洲的生物相還相當完整。在遠離市區與村莊的原始林中，滿天的燕子與蝙蝠將蚊蟲捕食殆盡，因此很難想像蚊蟲的稀有度，夜睡森林竟然也不需要掛蚊帳。可以想見，蚊蟲這類惹人厭的生物之所以猖獗，往

越接近內陸山區，部分河床上會有暗礁與急流，是造成船難的主因。

由於地勢平坦，因此河流多在平原上蜿蜒，加上土壤濕軟泥濘，鋪設道路不易，河流自古以來便是重要的聯絡方式。

由於內陸水運是如此重要，因此船運業發達，使得婆羅洲是東南亞少數可以體驗猶如亞馬遜河般熱帶河流的旅程。

往是人類自己造成的。

　　總之，婆羅洲的物種歧異度
很大，物種之多樣性及數量，非
其他鄰近島嶼可以匹敵，又沒太
多討厭的蚊蟲與猛獸（婆羅洲沒
有老虎與花豹等大型陸上肉食動
物），除了需留意水邊的鱷魚外（
鱷魚吞人這種讓人吃驚的事，每
隔幾個月便可以在報紙上看到），
或許婆羅洲是東南亞僅存的最後
樂園。

婆羅洲內陸人跡罕至之處，今日還
可見到生態完整的林相。

列為自然遺產的姆祿國家公園的森林，在園區中心周圍有完善的道路，可
以在林相完整的森林中幽然漫步。

姆祿國家公園的鹿洞是當今已知最大的洞穴，每天傍晚棲息其中的蝙蝠，單是要全數飛出，便需要一小時以上的時間。

在婆羅洲的密林中，樹上長滿了琳瑯滿目的各樣植物；其他許多鄰近島嶼，雖然樹上也是長滿植物，但多是以部分強勢先驅物種為主。

婆羅洲少有工業區，城市污染也還不太嚴重，因此鄰近城市的海中依然可見大片的珊瑚礁。

在婆羅洲內陸所見之巨大的龍腦香樹的種子。

和大王花近緣的寄生植物，在密林陰濕的角落散發出腐屍般的惡臭，以吸引蒼蠅來傳粉。

野牡丹科的植物，新葉是耀眼的紅色，透過穿過樹梢的陽光，相當耀眼。

生長在石灰岩壁上的諾斯豬籠草之
巨大捕蟲瓶。

透過原住民之手，可以看出雨林中
植物的巨大葉片。

隱匿於婆羅洲內陸密林樹蔭下的莎草科植物，葉緣會發出藍色反光，和葉片中肋的黃色形成強烈對比。

已經快成為傳說動物的蘇門答臘犀，目前只見於蘇門答臘與婆羅洲內陸，
是世上體積最小的獨角犀。（攝於沙巴的動物園）

最獨特的婆羅洲動物——長鼻猴，只
能在婆羅洲的海邊紅樹林見到，是少
數專吃樹葉的素食性猴子。（攝於沙
巴的動物園）

頭頂像長了角的奇特昆蟲和浮塵
子近緣。（攝於婆羅洲內陸）

奇特的鴨子包裝販售。（攝於拉讓江的港口都市詩巫）

叻沙是用特殊的叻沙醬、椰漿和
蝦殼熬煮而成，是婆羅洲最具代
表性的美食。

產於拉讓江流域的無患
子科奇特果樹，味道和
龍眼相近，外觀卻像是
荔枝。

新幾內亞

　　新幾內亞是世界第二大島，也是熱帶地區最大的島嶼，雖然它和東南亞相距不遠，但一進入這裡的森林，放眼看過去的植物相與動物相已經距離東南亞很遠了。因為這裡和東南亞各島嶼有著所謂的「華萊斯線」相隔，在此生物分布界線的這頭，和澳洲一樣，是屬於大洋洲的熱帶區域。

　　不像婆羅洲的植物在馬來半島、甚至泰國也看得到，這裡的植物少有和婆羅洲植物近似的共通種，即便行走在森林中，聽到的也是嘈雜的白鸚鵡，而不是熟悉的東南亞鳴禽。雖然這裡還密布著森林，而且號稱是本世紀少數幾個還未被人探索的區域之一，但說真的，此處植物分布的密度，包括物種數和植被數量，都無法和婆羅

新幾內亞森林中的樹種，很多是和澳洲相似的桃金孃科植物，和其他東南亞的植物差異很大。

洲相比。因為這裡的樹上，不像婆羅洲那般密密麻麻地生長了各式各樣的著生植物，只是稀疏地散布著近似卻不同種的植物。

熱帶低地林裡的植物確實讓人感到新奇，但行走其間還是要很小心，林中仍可能出現北方食火雞，北方食火雞是新幾內亞森林中最危險的猛禽，牠們多半靜靜躲在樹叢中，如果太接近牠們的生活範圍，牠那巨大的後腿有著輕易就能將人的腹腔劃破的利爪。

新幾內亞島，沒有赤道從中穿過，位於較偏南方；島中央有座高

在低海拔山區稜線上，長於裸露地的奇特蕨類。

世上最大葉片的榕樹——餐盤榕。餐盤榕是新幾內亞特殊的植物，由於果實造型特殊且無榕屬植物常見的氣根，以前還被歸類為其他屬的植物。

度超過五千公尺的雪山橫亙，南北氣候有著明顯的差異。北邊的氣候和婆羅洲一樣，是赤道雨林的氣候，南邊則是熱帶季風林，甚至是莽原，也就是澳洲內陸袋鼠跳躍的草原（除了澳洲之外，新幾內亞也有草原袋鼠），顯見南北兩地的生物相有著很大的差別。

新幾內亞島上的許多地區，已被當地原住民開墾多年，他們採用的是火燒森林的方式，許多地方、特別是在山區的稜線上，已被連續燒了很多次，變成了草原。樹木則在山谷間的潮濕區域可以看到，這點和馬達加斯加極為類似。

新幾內亞目前不是很安定，發生暴動導致機場關閉之事，時有所聞。此外，當地人和爪哇來的移民相處得不融洽，這裡以基督徒居多，和印尼以回教為主，信仰上有很大的差異。社會騷動在南部盛產金礦的幾個省份尤其嚴重。目前新幾內亞分屬印尼領地與巴布亞共和國，各佔一半。

印尼的伐木情況似乎還在控制範圍，巴布亞的砍伐情況則不樂觀，幾乎和婆羅洲一樣慘。不過，這裡的高山因為終年積雪不化，仍隱藏著許多無法在世上其他角落見到的美麗花卉。

新幾內亞豬籠草是少數新幾內亞特產的低地豬籠草之一，捕蟲瓶的造型相當特殊。

新幾內亞是石斛蘭物種分化最複雜的島嶼，許多種類至今還陸續被發現中。

奇特的天南星攀緣植物，單身複葉的外型像是亞洲的柚葉藤。

陰暗雨林中的根節蘭。

這是新幾內亞原生的赫蕉，為少數分布在熱帶美洲之外的物種，也是證明地球陸塊漂移的物種之一。

當地居民於家中培植的秋海棠，
據說是採自附近樹林中。

林投是新幾內亞的強勢物種，許多種類
分化成不同的造型，佔據著森林的各個
角落。正在結實的林投，成熟轉紅的果
實正好吸引滿山的鸚鵡取食，也藉此散
播族群。

當地人自山中採集來栽植在後院
的捲瓣蘭，圖為此屬中最大型的
種類。

新幾內亞森林中最危險的生物，也是世上第二大鳥的食火雞，圖中所見是
路邊民家豢養的。

由高處往溪谷眺望遠方森林，可以看出新幾內亞低地雨林的樹種，似乎以細葉子的木麻黃類以及各式各樣的林投為主，和婆羅洲那種以大葉子的龍腦香科植物為森林主角的景觀差異很大。

豐富的地形地貌造就豐富的物種

泰國

　　泰國可說是旅遊大國，太多人都到過泰國旅行，但是停留的地方大概只限清邁、曼谷或是普吉島，對泰國多半只留下炎熱的印象。其實，要概略述說泰國的自然生態實在很難，它不像婆羅洲，只以赤道雨林來形容即可。因為泰國剛好位居幾種氣候型態的交會點，不同區域的物種差異極大。

　　例如，泰國的北部是雲貴高原與喜馬拉雅山系動植物的南緣，許多不丹或尼泊爾的鳥，也可以在清邁的山區見到；即使在喜馬拉雅山區，也能見到無鱗片杜鵑（園藝上多稱為石楠）和重樓（*Paris*，此屬最有名的植物是七葉一支花）與龍膽。西部與緬甸交界處，可以看到許多緬甸的特有植物。往南進入馬來半島北端，不少植物和婆羅洲的熱帶物種很類似。大概只有在東部，才看得到中南半島較典型的物種，這裡山區的植物相和寮國與柬埔寨是共通的。

鄭王廟又有「曉之寺」的稱呼，夜晚有燈光投射照亮湄南河的夜空，是吸引很多遊客的名所。

安達曼海之小島上的椰子林，是許多潛水客或海島度假者嚮往之地。

攀牙灣是安達曼海上知名的觀光地，數以百計的石灰岩小島散布在這海灣中，可以和越南的海上桂林相媲美。

　　泰國境內石灰岩遍布，不只西部、北部、東北部、南部，甚至鄰近曼谷的中部，都有石灰岩地形，這些地區特有植物的精采度，不比婆羅洲石灰岩區差，而且還可看到在不同氣候影響下，植物面貌的變化程度。泰國的森林中可以遇到的動物，應當遠超過其他印尼島嶼區，不少大型且具有攻擊性的動物都可能出現在你身邊，因此不能掉以輕心。

　　這般豐富的地形地貌，讓泰國得以擁有許多傲人的觀光資源。雖然今日許多森林已經被砍伐，但還有很多植物陸續被發現，這是我親眼看到的真相。

和所有的石灰岩森林相同，這些海上石灰岩小島上也是森林遍布，由於陡峭攀爬不易，許多珍奇的植物也得以不受破壞。

泰國南方的拷索國家公園有泰國桂林之稱，由於已是位於馬來半島北部，熱帶雨林的生物相可以和婆羅洲的姆祿國家公園相比。

泰國東北方與寮國接壤的石灰岩山地，這裡由於冬季溫度比較低（可以降
到10度以下）且乾燥，是亞熱帶雨林與熱帶季風林交接的林相，乾季時，
石灰岩上的樹林會落葉休眠。

泰國北方森林的植
物多是我們熟悉的
溫帶喜馬拉雅山植
物，在北部高山雲
霧帶也可以見到高
山型的杜鵑。

鄰近緬甸國界的石灰岩山地，圖中是聞名的桂河上游，依然森林遍布。

鬱金是泰國中部山區雨季常見的野生觀賞植物。

長在山頂砂岩上，綻放中的孔雀薑。

產於緬甸的特殊植物 *Phyllocyclus parishii*，盾狀般的葉片像是立體堆疊的荷葉，在泰國邊境也偶爾可見。

產於泰國南部與馬來西亞交界森林中的不知名樹木，葉片巨大、葉緣皺縮如波浪。

魔芋是石灰岩區常見的植物，在雨季初降的一個月可以見到石灰岩山區開滿了魔芋的花朵。

產於泰國南部的斑點葉海棠Begonia integrifolia 和孔雀薑是石灰岩森林常見的
植物，在某些角度的光折射下或是使用閃光燈，會出現金屬藍反光。

泰國北部與寮國接鄰之竹林中的黃金孔雀薑，林床上的一對大葉子像是鳥類的翅膀。

泰國北部與寮國接界森林中，一隻翅膀上有眼斑的螳螂。

廣泛分布於泰國全境的暹羅蘇鐵，在接壤緬甸的西部邊界可以發現這種銀白色葉片的華麗變種，整片葉子像是鑲滿銀白色絨毛的鳥羽。

在泰國與緬甸交界之原始林上的何氏鹿角蕨，這是亞洲大陸體積最大的鹿角蕨。

馬來半島

　　馬來半島大概是我常去的熱帶地區中，較讓我遺憾的，因為這裡絕大多數的原始林早被破壞，砍伐似乎仍在繼續中，取而代之的是替馬來西亞賺進外匯的單一作物——油棕。因為長年噴灑殺草劑，溝渠中連小魚和水草都不見了，也就不必期待能在油棕林發現很多植物了。想想，當飛機即將降落吉隆坡國際機場，往下看到的是一望無際的油棕樹，而這些油棕樹需要噴灑多少殺草

在金馬崙高原可以看到當地對於土地的過度利用，很難想像在熱帶大雨的沖刷下，會有怎樣的災難。

馬來半島原本一望無際的熱帶原始林，今日已全為這般灰綠色的油棕樹所取代，由天空鳥瞰油棕的範圍，面積之廣也是一望無際。

當地原住民在失去了以往衣食來源的森林後，只能在路邊靠著販售一些野生植物來維持生計。

劑？想來實在讓人不寒而慄。

目前半島的西部走廊只剩極少數山區還有原始林，要不，便要到東海岸或與泰國接壤的北部，只有在那些邊界的森林裡，還有不少尚未被發現的珍稀植物。

馬來西亞北部也有不少石灰岩地區，去過幾個石灰岩區後，我很驚訝，因為它們似乎都已變成了宗教聖地，香客不絕於途。

高山地區原本是雲霧森林的區域，也多已經成為茶園、草莓園或是別墅與餐廳，舉凡在清靜農場或北橫可以見到的，或許除了星巴克（Starbucks）還沒開店外，該有的都有了。到此旅遊很容易，可惜自然界所遺留下來的樣貌已經不多了。反倒是在被視為回教區的東海岸，許多遠離社區與都市的山區，還有少數未被破壞的分隔狀森林，依然可以看到和泰國南部森林近似的植物。

目前泰國南部還在動盪中，無法前往時，或許馬來半島的東海

岸北部會是個不錯的替代方案。只是這裡因為是回教區，當地人不碰觸豬，野豬在森林裡時時可見，也導致螞蝗遍布，即便是通往大城市的主要幹道旁草地上，還未接近森林，行進約十公尺便有數量驚人的螞蝗直撲而來，完全不像婆羅洲或蘇門答臘，要到人煙罕至的陰濕森林中才會遇到；這種讓我頂著太陽逃到柏油路旁，身上還黏附著好多螞蝗的經驗，至今仍心有餘悸。

這片石灰岩上生長的植物像是花市販賣的觀葉植物，圖片攝於馬來西亞北部的怡保，所有的物種都是當地的原生種。

高地雲霧林的林床上，還有許多苦苣
苔*Ridleyandra species* 開放於陰濕的角落。

馬來西亞東部的吉蘭丹州山區
岩壁上的鳳仙花，即使未逢花
期，單是葉片就讓人讚歎。

著生於高地雲霧林樹上的一種大型口
紅花，花朵直徑近乎杜鵑花。

石灰岩壁上生長的苦苣苔科之一
年生皮草Chirita。

在略為遠離吉隆坡的雪蘭莪州（
Selangor），大樹上便可以見到大量的
擬水龍骨以及各種星蕨和山蘇花附生。

馬來半島山區陡峭之處，還可見
到未被砍伐的原生樹林，樹種外
觀奇異度之大讓人嘆為觀止。

在樹葉背後休憩的葉蟎。

飄落地面的樹木種子。種子大部分
面積是宛如螺旋槳的特殊構造，當
種子被風吹離母樹後，有更長的時
間可以在空中旋轉，讓風吹到更遠
的地方。

由檳城的升旗山眺望山下隱匿在雲
層中的市街，升旗山高達九百多公
尺，溫度比平地濕涼許多。

在檳城的山區森林中，可以看到
許多獼猴在林中遊蕩。

多肉植物、環尾狐猴和變色龍的故鄉

馬達加斯加

　　永遠無法忘記飛機降臨安塔那那利佛（Antananarivo）前，機上廣播說地面溫度是攝氏四度時的驚訝，並猛然感受馬達加斯加島已屬於亞熱帶區域，而非熱帶的森林。

　　這個地球上唯一的特有生物島，許多人望穿秋水的珍稀物種之原產地，我只能用驚訝兩字形容，但指的並非豐富的生態，而是生態被破壞與社會的現況。

　　即使在首都，外觀看似中世紀歐洲古堡的都市，擁有電力供應的區域還是十分有限。夜晚的市區中心地段，多的是點蠟燭的商店，滿街可見跑在石磚上的古董車，還發出「咖拉咖拉……」的聲響

馬達加斯加的土質多為紅土，因此自雲層俯瞰，猶如澳洲的紅土大陸。

，像極了二次世界大戰前的某個義大利或法國的山城翻版，街道的外觀更像是某個電影的場景。只是，一旦離開市中心，似乎立刻進入了非洲，總有太多的小孩子拉著過往行人的衣服討錢；地攤上賣的都是已經臭掉的小魚，總之，更多意想不到的特殊街景都可以在這看到。在這島中央的高原上，似乎無需期待能見到任何特別的植物了。

沿著首都安塔那那利佛的山丘行走，可以見到自法國殖民時期以來的各式建築。

馬達加斯加的地形和台灣相當類似，全島的山脈與高地都是偏東部，要見到馬達加斯加的僅存雨林，唯有親臨印度洋的海岸才可見到。中央的高地和台灣那般高聳的峰頂不大相同，這座島是世界第四大島，腹地廣大，山雖然高，坡度卻不如台灣的山陡峭；而且，高地上多是如平原般的地形，因此高地上的土地也早已被開發，供作農業利用。至於西部則是非常乾旱的土地，那裡是許多特別的多肉植物的故鄉，也是馬達加斯加最有名的環尾狐猴的棲地。

遠離首都後，居民的生活條件並不是很好。

　　離開首都後，一眼望去，接連的山區都是草原景觀，樹林極為罕見，多數地區就像是砍伐後再放牧過的樣子。森林中可以見到這裡特有的風蘭與豆蘭，還看得到更多山蘇花，以及景天科的長壽花。或許這裡的著生植物還不足以填滿所有的空間，競生植物不如婆羅洲嚴重，使得原本是多肉植物的家族，也有部分種類搖身一變，成為雨林中的著生植物。

　　這裡的森林多數僅殘留在斜坡面，因無法開墾耕種而被保存下來。對我來說，這裡的植物相也非常陌生，且不很密集生長，多種雨林椰子與樹蕨都是未曾見過的物種。密林中，還可見到多種狐猴

絕大多數的山坡地，皆已砍伐作為耕地。

森林多半只剩難以開墾的陡峭坡地，許多奇特的物種被砍伐作為薪柴。

在馬達加斯加東岸的雨林中，多的是世界上僅有此處才有的物種，但樹木
的高度多半並不高聳。

在樹梢上跳躍，這些是在熱帶亞洲森林無法體驗到的。即便是在南回歸線下的雨林，夜晚也只有十二度左右，但即使在如此低溫的夜晚，還是可以見到許多變色龍在濕冷的森林中活躍著。

部分景天科的長壽花屬在馬達加斯加演化成著生植物，在樹幹上像是蘭花般地生長，圖中為*Kalanchoe uniflora*，多半在冬季結束氣候回暖之際開花。

　　其實以現今馬達加斯加的政經、社會環境來看，可以維持現狀已經難能可貴了，這裡農藝耕作技術之落後、國家基礎建設之不足，是任何亞洲國家無法想像的。即使今日開發這麼多的農地，生產的稻米也只夠全國一半人口食用，其他不足的，只能出口寶石原礦所得來換購糧食。可以想見，在這種艱辛的狀況下，去談環保，讓人不知如何說才好。

馬達加斯加是景天科長壽花屬自然分布最多樣化的地區，除了一般人所熟悉的乾燥沙漠環境的棲息地外，在多雨的森林中，也可以見到生長在陰濕林床上的美葉種類。

僅發現於馬達加斯加的奇特林投高樹，直立的樹幹宛如針葉樹。

風蘭是馬達加斯加物種分化繁多的地區，多半附生在雨林中樹幹上離地面不高之處。

此豆蘭植株雖小，但花朵比例卻很大。

馬達加斯加特產幾種豆蘭，*Bulbophyllum hamelinii* 為假球莖扁平巨大的種類，生長在東部多雨的森林中。

造型奇特的五加科植物。

巨水芋是馬達加斯加特有的天南星科植物,但植株卻像是高大的芭蕉再配
上姑婆芋般巨大的葉子,挺立於淺水的沼澤中。

馬達加斯加的森林高度原本就不是很高,到了高海拔的雲霧林,植物體高度更是下降許多,若以東南亞的樹林來比較,幾乎相當於灌木的高度。

小鼠狐猴,體型短小,有著和亞洲的眼鏡猴相似的外觀,但卻是狐猴類,為夜行性。

光面狐猴,棲息在馬達加斯加東部的雨林中,是體型很大的種類,以樹葉維生。

馬達加斯加壁虎是日行性的壁虎，和一般家中見到的壁虎相比，色彩艷麗許多，在其他印度洋的島嶼也可以看到。

大型的變色龍，也是夜行性的種類。

小型的變色龍，出沒於寒冷的冬夜。

輻射龜是馬達加斯加最具代表性的爬蟲類，由於人為的捕獲，在野外已經不太容易見到。

第二章
熱帶雨林的類型

熱帶雨林蘊藏著地球上最多的物種，但實際的種類數難以估算。一般人對雨林的印象可能只是來自書籍或媒體的描述，那種樹木高聳且有很多樹冠層次的景觀，想像整個熱帶國家的森林就是這樣的面貌。事實上，熱帶雨林是概括的名詞，上述只是其中一種最常接觸的媒體概念形象。

熱帶雨林基本上可以分為三大類：赤道常綠雨林、熱帶季風林、熱帶山地雲霧林，這三種森林的概括區分，關係著我們對來自這三類不同森林性植物的照顧方式。因此在得到一種未知或所知不多的植物時，如果可以知悉它的原產國家，多少可以猜出它的生長情形及基本資料。

曾經遍布婆羅洲低地的森林是世上高度最高的熱帶雨林，但今日卻只剩小部分國家公園地區可以見到。

全球熱帶雨林分布簡圖

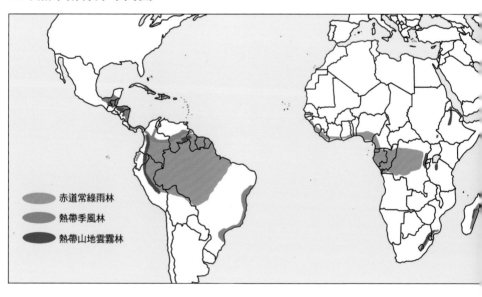

赤道常綠雨林

熱帶季風林

熱帶山地雲霧林

由森林底部仰望攀爬樹梢的
天南星科藤蔓植物。

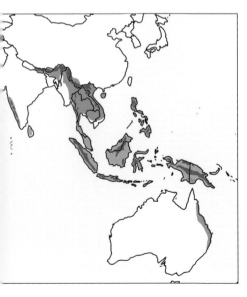

由樹冠層往下鳥瞰雨林樹幹上的植生
景觀,可看到一些需要高濕度的著生
植物,只攀緣在離地面不高的位置。

河岸邊可以獲得穩定的高空氣濕度以及不被其他樹冠遮蔽的斜射陽光，所以雨林河岸邊的樹幹上，總是附生了許多著生植物。

赫蕉常見於中南美洲雨林底層，經常
在河岸邊成片生長。

許多雨林樹木在生長期的新葉先
端含有花青素，有著花朵般艷麗
的色彩。

林緣暗處，攀附性的蕨類吐出暗
紫色的新芽。

板根也是熱帶低地雨林常見的現象
，板根植物跨越很多不同的科別，
並非只限定幾種植物才有，許多樹
木都有這種現象。

有別於終日陰暗的林床，山頂是少部分區域陽光可以照射地面的環境，許多無法著生於樹梢但需要高光量的地生植物，便只能選擇這種環境生長。

雨林中的湖泊常在清晨時刻籠罩在煙霧中，給人一種神祕的感覺。

石灰是水泥重要的原料，隨著人類的建設，石灰的需求也就越來越高，石灰岩因此難逃被開採的命運。

有別於泥質山的低地茂密森林，石灰岩山因為受限於土層稀薄，樹林比較矮，樹冠也比較稀疏，可見到大量的著生植物。

赤道常綠雨林

　　赤道常綠雨林最常被作為熱帶雨林的代表，也常是教學上的題材，大家最耳熟能詳。高聳巨大的龍腦香樹纏著許多藤蔓，林冠之下分成很多層，不少猴子在樹上跳，林床陰暗潮濕且漆黑……，其實這樣的森林環境，地球上並不常見，整年的降雨月份必須很平均才行，所以只能在赤道下及周圍有限的範圍內，離台灣最近的地方大概只有馬來半島中部以南、婆羅洲及蘇門答臘和新幾內亞北部。這裡的降雨雖說終年平均，但每年大約4月及10月太陽直射赤道，有近一個月的時間降雨較少。

　　此外，風向及山脈走向，也會影響該地區降雨的多寡。像是赤道下的婆羅洲島，除了陽光直射赤道的兩個月份比較乾燥外，由於受到地形及季節風向的影響，北部的沙巴及砂勞越在12月至隔年的3月間，會有持續性的大雨。但在島另一端的南加里曼丹，此時卻是比較乾燥的季節。這幾年聖嬰現象，時時影響東南亞地區，有時甚至造成該地區兩個月以上不下雨，這對需要均衡降雨的赤道常綠雨林來說，非常不利，極易釀成森林大火。

　　前述高大且多層次的龍腦香森林，在赤道地區多生長於平地，或是海拔1000公尺以下的平緩泥質山區，但目前由於林木的砍伐，除了國家公園外，平地幾乎已經沒有這種森林了，只剩下開採不易的內陸低海拔山區可以見到。除了龍腦香森林，赤道常綠雨林還包括河口地區的紅樹林、基質是千萬年堆積的落葉所

人類對於木材的需求，構成今日原始森林被砍伐的主因。

遠眺對面的山頭，可以見到砍
伐後的森林（深綠色）被蕨類
（淺綠色）侵入後的樣子，即
便周圍也會有成熟的樹木種子
飄入，但因為這些蕨類的強勢
競生，還是無法成長。

侵入熱帶雨林伐木區的蕨類多半生長快
速且高大，一旦誤入其中便容易因視線
被遮蔽而迷失方向。

形成的泥炭森林、基質幾乎
由貧營養白沙構成的灌木叢
，以及石灰岩地區的石灰岩
森林，雖然這些樹木的高度
比較矮，林冠層次也不及龍腦香森林那般多，但棲息於此的物種不
見得比較少。或許可以這麼說，就是這般多樣性的環境，造成熱帶
地區物種的驚人數量。

河岸邊由於日照及濕度充足，因此這種優異環境下的樹木枝幹上，多半會被著生植物擠得滿滿的。

由這張圖片可以觀察到一棵大樹總是被各式各樣不同的著生植物所附生，
這也是為何熱帶雨林物種密度會如此之高的原因。

許多著生植物會想辦法收集樹梢上的落葉作為養分，斛蕨就以四處伸展的葉片承接落葉。

幹生果也是熱帶低地雨林常見的現象，直接自樹幹上之潛芽長出花芽，不需要像溫帶樹木那樣再另外形成結果枝來開花結果。

著生於樹梢，懸垂延伸的著生蘭。

84

石灰岩壁上，樹木可以生長的環境十分有限，表面過於光滑或是陡峭的區域，無法蓄積有機質，沒有基質可讓樹木附生，因此只有山頂以及斜面的裂縫處可以看到樹木生長，而這些樹木有時也成為唯一可以供作攀爬至石灰岩頂端的路徑。

細看樹木長在陡峭石灰岩壁的狀態，多半是坡度比較和緩或是有凹洞及深裂的峽谷。

由於地理環境的特殊性，石灰岩森林地區多半容易蓄積水氣，使得此區常在清晨至中午前為雲霧所包圍，讓許多附生在石灰岩上的植物可以獲得充足的水氣與濕度。

由這張圖可以見到石灰岩提供植物生長的方式，單單這樣的裂縫便足以讓落葉堆積，一旦堆積一段時間，便形成有機質層，如此許多地生植物便可以在其中扎根生長。

婆羅洲的沙巴低地雨林中，由多種薑科、棕櫚科以及其他植物構成。類似蕨類般的羽狀葉，可以在日照薄弱的雨林底層提高光合作用面積，並避開熱帶大雨或墜落物的傷害。

婆羅洲的石灰岩森林樹梢上，倒掛著綻放的檀香石斛蘭。

泰國南部的森林中拍攝到的蝶形花科樹木的花朵，開花時，往往只有鳥類及昆蟲可以看到，行走在林床上的我們只能等到花朵落下後才得以觀察。

面對不斷飄落的落葉及其堆積層，許多林床上的植物會將地下莖不斷往上伸長，以免植株被落葉覆蓋淹沒，圖為刺軸櫚。

馬來半島的巨大梵尼蘭，單是葉片長度就超過半公尺，植株多半要攀爬至大樹上才達到開花的成熟階段。

熱帶季風林

在地球南北回歸線之間的森林，除了赤道下的常綠雨林外，分布最廣的就是這種熱帶季風林，離我們最近的熱帶季風林區是台灣南端及菲律賓和雲南南端的西雙版納。在中南半島、印度、印尼部分島嶼（龍目島以西到新幾內亞南部）、澳洲的約克半島等地區的森林都屬於此類。

熱帶季風林的降雨時間受限於太陽及季風的風向，描述起來比較複雜。南北狹長的泰國，最南端的馬來半島北部在太陽直射赤道的月份，大概4月底開始下雨，降雨範圍隨著太陽的照射以及西南季風的吹拂，往北推展；到了5月，降雨帶已到達泰國北部，5月中旬繼續往北，越過泰國抵達寮國北部及雲南。但這樣的降雨現象並非下個不停，當7、8月，太陽直射區域抵達北

澳洲昆士蘭北部約克半島背風處的熱帶季風林，樹木種類多為桉樹及栲樹等耐旱植物，葉片多細小，和赤道常綠雨林的多樣化景觀差異很大。

澳洲北部的熱帶季風林是棕櫚科植物多樣化的中心。東南亞雨林之林床上可見的多樣化的物種，在澳洲幾乎為各種不同的棕櫚植物所取代。

沿著泰國北部與緬甸的國界往南至馬來半島北部的熱帶季風森林，乾季時的林相多是這般景象，只有部分具有厚葉子、耐旱的樹種，維持最低限度的常綠狀態。

回歸線，這些低緯度地區的降雨會減緩，甚至暫停；等到9月太陽再度往南移動，降雨又恢復活躍。至9月底，降雨帶會南下抵達泰國北部，10月中旬到達泰國中部；當泰國中部降雨，泰國北部的季風林就暫停降雨，宣告乾季正式到臨。由於下一次的降雨要等到明年5月以後，因此會有近7個月的乾燥期。

而隨著太陽的南移，泰國南部的普吉島及馬來半島北部會持續降雨，一直要到11月底，甚至12月中旬才會進入乾季，也就是說，乾季往往只有4個月。這裡算是熱帶季風林和赤道常綠雨林的交界處與過渡區，在多變的氣候條件下，這遠離赤道的北回歸線或南回歸線的森林，會因為乾季過久而有落葉的情形，有點像是溫帶地區的楓葉落葉景觀。這是植物為了延續生命，即便溫度還不冷，卻不得不採取的強迫落葉方式。

至於熱帶季風林與赤道常綠林的過渡區，因為乾季比較短，森林落葉的情形沒有那麼嚴重，只有在山脈的稜線以及雨影（山脈背風坡的乾燥地）等濕氣保存不易的地區，才會有落葉的情形，而山谷間較可蓄積濕氣的環境，則保持常綠的狀態。

另外，降雨也受地形的影響，例如緬甸南部的毛淡棉地區（Mawlamyine），因為正好面向迎風面的印度洋，因此雨季的雨量大且降雨期久，但是山後的泰國北碧府（Kanchanaburi）卻相當

泰國與緬甸等接壤之熱帶季風林多為高價值的樹種所組成，因此多只剩下國境接壤的國家公園或是軍事地區才可見到。

泰國與寮國接壤的熱帶季風林多數地區早已經砍伐供為農地使用，圖為雨季時，氣候多為陰雨多雲的狀態，而遠方的山區正在降雨。

泰寮邊界的季風森林區的石灰岩區，許多岩生性的蕨類以及薑科植物多是以苔蘚類的先驅植物為生長的基質，它們在乾季時落葉，雨季時冒出新芽。

產於泰寮國界森林中，日漸稀有的金氏蝴蝶蘭。

熱帶季風林產的蒟蒻芋，花朵的萼片相當巨大。

熱帶季風林中的著生植物多半具有儲存水分的器官以度過缺水的乾季。（圖右邊灰白色小小圓厚葉片的為風不動*Dischidia*）

許多熱帶季風林植物會在乾旱季節落葉，以避免在高溫乾燥時脫水而死，樹木也不例外，許多橡膠樹也會落葉，葉片在乾季時變紅，像是寒冷國度的楓葉。

乾燥。相同的情況也發生在越南，安南山脈（Annamites Mountain Range）面對南中國海的迎風面地區雨量充沛，但是山背雨影的寮國及泰國東北雨季就短，且雨量少。在地球另一端的巴西東南部，面向大西洋的海岸山脈也是這般情況，所以面向海邊的里約夏季降雨豐富，即便冬季降雨變少，也因為高山攔截了從南極吹拂過來的南大西洋濕氣，還是可以維持適當的降雨，這和台灣北部相當類似。但是在山背後的巴西高原，冬季卻很乾燥，某些地方甚至長不出樹木，不過這種環境卻是今日一些重要園藝植物的故鄉，許多大家耳熟能詳或常見於園藝市場的觀賞植物，大多來自這類熱帶季風降雨林。或許正是這種明顯的季節變化，熱帶季風林美麗的開花植物，似乎比熱帶常綠雨林明顯地多。特別是我們在花市常見的許多花朵顯目的蘭花，多來自這種環境。

以泰國北部與寮國交界的落葉季風林來說，冬季來臨，氣溫開始降低時，森林的樹葉凋落，樹上的大藍萬代蘭 *Vanda coerulea* 開始綻放，大狐狸尾蘭 *Rhynchostylis gigantea* 緊接在後，接著上場的則是各式各樣的春石斛和燈籠石斛系的族群，此時，太陽已越過赤道，溫度變得又乾又熱。再來是百代蘭屬和仙人指甲蘭屬登場，此時溫度則熱到最高點，小藍萬代蘭及黃花萬代蘭接著開花，再來是長穗狐狸尾蘭，等到芳香仙人指甲蘭及藍狐狸尾蘭綻放時，應該已經下過第一場季風雨，宣告雨季的降臨，而一年一度的著生蘭嘉年華也大概在此時結束。吸飽雨水後的森林，開始長出新葉，花季則交由地面上的薑科植物與其他地生蘭接棒。

赤道雨林因為沒有這般規律的乾濕季節，所以此地的多數蘭花比較不定時開花

今日常見的萬代蘭類，它們的原生種多來自熱帶季風林。

很多蘭花愛好者無法想像，今日花園中常見的石斛蘭或是萬代單莖類的蘭花都是生長在這種稀疏的落葉性龍腦香森林的樹梢上，而不是那種濃密的赤道降雨林，圖為雨季時長滿樹葉以及青草地的景象。

狐狸尾蘭也是來自熱帶季風林的環境,在相同氣候條件下,只要將狐狸尾蘭固定附著在樹幹上,植株便可以生長良好。

，而且分布的蘭種也不是園藝上具有美麗花朵的蘭種，無法和熱帶季風林的花況相提並論。

　中南半島森林的主要樹木也是龍腦香，但是屬於落葉的種類，森林的高度遠不及馬來西亞的赤道常綠林，因此不像赤道常綠林的樹冠分成許多層。另外，雨量較少的區域，森林中的樹木較稀疏，有

這花木的英文名意為「緬甸之尊」，學名是*Amherstia nobilis*，是緬甸季風林中最有名的觀賞樹木。

印度鹿角蕨是少數分布最北的鹿角蕨之一，在泰緬國境的熱帶季風森林之乾季，植株會以全株脫水的狀態來度過這惡劣的條件。

在泰國、緬甸、越南等中南半島，甚至馬來半島北部之熱帶季風氣候下的石灰岩區域，每到雨季，原本乾枯的石壁會有各式各樣的花朵盛開，和終年常綠少有變化的赤道常綠林的石灰岩地形差異很大，圖為泰緬邊境石灰岩上盛開的鳳仙花。

時轉為類似森林和草原混生的狀態。

由於熱帶季風林產有許多高價值的木材，例如柚木、黃花梨、酸枝及紫壇等，因此這地區的森林砍伐比赤道雨林還嚴重。如果將赤道常綠林的砍伐比喻成現在進行式，季風林的砍伐則可說是完成式了。這類森林如果不是在國家公園的保護下，早就不存在了，即使如此，大面積盜伐還是時有所聞。今天，中南半島上，大概只剩寮國或緬甸等，因為政治因素還有可能看到非國家公園保護的森林，此外，高棉因為還有地雷散布，森林也得以維持。

由於熱帶季風林受到雨量的影響，甚至在南北端也遭遇冬季低溫的干擾，因此實際上給

泰緬邊境石灰岩壁上的千金藤，這個特殊的原種沒有膨脹的塊莖和攀爬的藤蔓，只有短短的莖，在雨季生長期自石灰岩縫中伸出數枚藍色的葉片。

地寶蘭是石灰岩山區常見的地生蘭，乾季時全株休眠，一到雨季便先抽花梗開花，緊接著伸展葉片，往往花還沒凋謝，葉片便幾乎把花給遮蔽了。

人的感受反而比較像是溫暖型的溫帶或亞熱帶森林，不像赤道常綠林那般穩定，植物的成長、開花與休眠，都受到降雨及溫度等季節的影響。

泰寮邊境的石灰岩森林中，有刺的植物不少，圖為具有棘刺的怪異藤蔓。

熱帶季風林中的溪谷，乾季往往水量減少甚至枯竭。但由於溪谷的封閉，可保持適當的濕氣，因此周圍的樹木仍然常綠，少部分無法適應乾旱的植物會生長在這種環境，但是周遭溪床石壁上的低矮草本植物，多半還是會休眠。

這是泰國北部山區常見的景色，不管再陡的山坡，只要不是國家公園或森林保護區，森林大多已在過去的三十年中砍伐殆盡，這種植被在雨季變成土石流的災難已屢見不鮮。

熱帶山地雲霧林

熱帶山地雲霧林是指熱帶地區約海拔1500公尺以上或更高的區域，赤道範圍下的山地雨林和低海拔的赤道常綠林一樣，氣候穩定，溫度隨著海拔高度上升而遞減，如果山下是終年均溫29度的高溫（指白天33度，晚上25度），海拔2000公尺的山上，均溫會是18度，白天通常是24度，夜晚則降到12度左右。這種溫度幾乎是亞熱帶深秋或春天的氣候，只是熱帶山地雨林延長為一整年。

由於低溫影響樹木的成長，加上地形越來越高，熱帶山地雨林的樹木高度比起山下的赤道常綠林要低很多，樹冠也沒那樣多層，這裡多半是雲霧發生的區域，森林一天裡總會有一段時間處在雲霧中。在濕度不虞匱乏的情形下，森林內到處可以看到苔蘚包裹著樹幹，許多需要恆定濕度的植物就長在這些苔蘚中。

雖然山地雨林的範圍比起低地雨林要小很多，但是因為山地的分離及熱帶低地森林的區隔，物種在隔離的影響下，呈現不同的演化形貌，使得大多數山地雨林植物因為生長在不同山區，常有很大差異，往往讓人覺得山地雨林的物種，比低地的赤道常綠林還多。

熱帶季風林地區由於回歸線下的區域在冬季受到低溫影響，因此在高海拔山區，森林已經偏向溫帶林或亞熱帶林，除了不少獨特植物，很多溫帶區的植物也會沿著接連不斷的山脈延續分布到這裡，因此熱帶季風林的高海拔森林就像是介於溫帶林之間的過度區。在

熱帶山地雲霧林每天會在固定時刻為雲霧所包圍，濕度提供了著生植物的成長。

雲霧林中不只樹幹為苔蘚包裹，連林床上也是一層厚厚的苔蘚，許多即使原本長在枝梢的著生植物，隨著枝條掉落還是會繼續在地面的苔蘚層上生長。

熱帶山地雲霧林提供了充足的空氣濕度，因此樹幹上多附生厚厚一層的苔蘚，許多需要高濕度的著生植物可以直接將根部扎入苔蘚中成長，不像赤道常綠林中的著生植物需要有肥厚的吸附根才能附著在樹幹上。

熱帶山地雲霧林中附生在樹幹上的石松。

婆羅洲北部神山雲霧林中的土馬棕。這種土馬棕會長到二十幾公分高，外型像是針葉樹的幼苗，算是相當大型的種類。

木賊葉石松在熱帶地區要在高海拔潮濕的山地雲霧林中才看得到。
（攝於馬來半島的山區）

◎我的雨林花園

這裡，冬季溫度會降低，甚至足以讓楓葉變紅，或是降霜。

　　雖然和山下的季風林一樣，冬季不會降雨，但是因為山區有雲霧環繞，所以即便在乾季，樹梢上的著生植物也不會太乾。由於這裡的氣候已經偏向溫帶，許多產在這裡的開花植物，十八世紀就被引進歐洲，且成功地被栽培於溫室的環境（溫帶的冬季，基本上還是比熱帶季風區的山地森林冷得多，因此這類植物在當地的冬天，或多或少還是需要溫室的保護，相對來說，它們的耐熱性就變差了），進而出現很多園藝改良的品種，像是海角櫻草、球根秋海棠、吊鐘花、滇丁香、長壽花、聖誕紅、孔雀仙人掌等。熱帶雨林的植物往往給人「只要是美麗開花的物種都怕熱」的印象，原因其實是它們來自的區域，氣候雖然和我們的緯度類似，卻處於高海拔。

炮仗花在台灣是再平常不過的蔓藤植物，只要是春季，便瘋狂開花，因為它們的原生地氣候是和台灣近似的巴西南部以及阿根廷北部，一旦在終年高溫的熱帶平地，便成為只長葉子的藤蔓，唯有到高海拔的山區才可見到它開花。（攝於馬來西亞的金馬崙高原）

大花曼陀羅及大麗花等來自熱帶美洲山地雲霧林的觀賞植物,雖然在亞熱帶的台灣不難栽植,一旦到了熱帶,便需要在類似其原生地的高海拔地區,才可以栽植良好。(攝於泰寮邊境的山區)

新幾內亞高山地區原生的雪山石斛蘭，若要在台灣平地栽植，除了低溫的冬季之外，其他季節都需要以冰箱來培養。

著生杜鵑的種子飄落在道路護坡土面的苔蘚上，因而能成長開花。（攝於馬來半島山區）

三尖蘭是產於熱帶美洲山地雲霧林中的美麗蘭科植物，除了少部分耐熱的原種可適應台灣的氣候外，絕大多數的原種需要以冰箱培植，否則便需要選擇曾經交配過耐熱的低地種，才較易培養。

苔珊瑚是原生於南半球冷涼國度的觀賞植物，但是在婆羅洲高海拔的雲霧林林床上，也可以見到它可愛的身影。

吊鐘花是熱帶美洲高地的植物，在熱帶地區當然只能在高冷地栽植，在台灣亞熱帶的氣候下，只有冬季低溫期能健康成長，高溫季節還是適應不良。

許多熱帶季風林山區的植物多是北方溫帶沿著山脈往南分布的種類，像是栗子與櫟等等。

在泰國北部的最高峰，迎北風面乾旱成這般景象，只有山背之後可見到雲霧林。

高海拔的熱帶季風林的濕度也和熱帶高山雲霧林相當，只是降雨不均且溫度低許多，因此限制了樹林的高度。

高海拔的熱帶季風林，樹幹上也是長滿了苔蘚，在冬季乾冷季節，這些苔蘚會捲曲進入休眠。

許多世界有名的紅茶產區，皆是終年濕冷且雲霧繚繞之熱帶高地的雲霧林。往往在我們不知覺的情況下，許多產品已成為人們間接毀滅地球森林的原因。（圖攝於爪哇）

第三章
打造雨林花園

　　隨著人口迅速增加，都市化腳步加快，居住空間變得日益狹小，高層建築雖然解決了部分問題，卻也使得園藝愛好者必須面對「如何在有限的空間裡選擇適合的植物」與「如何綠化環境」這兩個苦惱的課題。

　　都市中，植物可棲息的空間本就不多，除了頂樓的住戶能擁有日照充足、令人稱羨的屋頂花園，住一樓的人擁有庭院外，其他樓層的居民所擁有的空間，大概只剩陽台，或是根本連陽台都沒有，而只是一扇小小的窗戶。不管陽台或一樓的庭院，都市中遇到棘手的問題，首推光線不足、都市夏季熱島效應，以及平面空間的不足。

　　如果栽培耐高溫的熱帶植物，而不是怕熱的溫帶植物，熱島效應的高溫障礙比較容易克服。既然來自「熱帶」，必然不怕熱。事實上，即便是在亞熱帶區域，夏季的高溫多半遠超過赤道下的溫度，因此選擇植物時，如果選的是對溫度忍受度高的熱帶季風林植物，會明顯地比赤道降雨林的植物容易栽培。

　　光線不足是許多園藝愛好者最頭痛的問題，但種植熱帶雨林植物卻不成問題，或許可以這樣說，絕大多數的熱帶雨林植物原本就長在光線不足的地方。熱帶雨林中，很多林床植物能忍受一般人無法想像的陰暗，因此，許多室內植物都來自熱帶雨林。

　　熱帶雨林的生態空間是多層次的，巨大的樹木長成後，就如同大樓一般，森林變成多層次的生態系，許多植物極盡能事地運用三度空間的立體概念，好讓生長空間變大。因此，如果作為園藝，可

馬來西亞山區的民宿,雖然所栽植的全是熱帶植物,還是可以裝點出英式風格,即便沒有出現許多人認為必備的鐵線蓮與玫瑰,一樣完美。

即便是栽植爵床科鄧伯花屬的跳舞女郎，讓它攀爬於藤架上，花朵自藤架垂延，也像是紫藤一般，別有風情。

利用適合本地氣候的熱帶性蔓藤植物來攀緣牆壁以及屋頂，不但可以降低房子的溫度，也增添花園的自然氣息。

善加利用這些植物攀爬在壁面，或是由上方懸垂下來，藉此綠化我們有限的空間。

由此可知，種植熱帶雨林植物，認識其原生環境非常重要。例如：

1.許多原生長在雨林上層的著生植物，無需泥土或介質，種植時，也可以推翻一定要用盆子的概念。

2.低濕度與強風，是高層建築物普遍會有的園藝問題，然而，恰恰也有不少來自高樹冠層的植物，對於環境中的低濕度與強風，有比較好的適應性。

3.來自熱帶季風氣候區的植物，有些演化成類似多肉植物的外型，可以用來替代沙漠多肉植物，直接露天

空曠走道的兩側，利用低矮的梯狀花架擺上高低不等的植物，以及搭設繩索讓蔓藤植物攀爬，並掛上懸垂的吊盆，經過如此的工程後，整個空間便有著雨林的感受。

種植，甚至用作景觀造型的材料；如此，即便面臨高溫期雨季的降雨，既無須像種植沙漠多肉植物那樣緊張，也不必把它移到避雨設施或另外架設遮雨棚。

原本只是一個階梯旁的矮牆，擺上葉片宛如絲狀下垂的松毬鳳梨之後，就軟化了整個牆面的線條，讓周遭的氣氛為之改變。

（右圖）泰國相當常見的空間美化技法，原料主體只是用三根枕木疊成屋形，加裝上抽水馬達及噴冠系統和蓄水容器，便形成了一個水幕景觀，潮濕直立的枕木可以讓吸附型的攀爬植物生長其上，水平的枕木可以讓懸垂枝條的著生植物像布幔般垂下，適合在開放的空間區隔動線。

花園走道的雨林風格擺設方式，將植物依高低順序，高的擺在後方，低矮
的擺在前方，中以插入木架懸掛吊盆，或讓蔓性植物攀爬，也可以在走道
上方擺設水平的木棍等，讓石松或口紅花等懸垂植物恣意垂擺。

利用對高濕度耐久性高的
木棍或用鐵網圍成柱狀體
加入介質，以水平的方式
擺設並植入石松，可以表
現出自然風格的窗簾，所
選擇的石松以對空氣濕度
需求較低的杉葉石松為
佳。

原本只是個鐵架，
依序懸掛已經長出
下垂孢子葉的皇冠
鹿角蕨和領帶豆蘭
，瞬間即出現了有
雨林氛圍的空間。

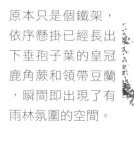

利用許多植物懸垂的特
性，使生硬的屋簷一角也
有生動的變化。

圖為東南亞Villa風的植物綠化
方式，將原本空蕩蕩一覽無遺
的空間，交互栽植各種葉片寬
大的熱帶植物，能遮蔽視線，
增加隱密性與個人空間。

利用許多雨林植物耐陰以及不同強度光線的需求，可以在有限的空間以立體三度空間的模式懸吊植物，放入自己想要擁有的植物。

在野外，石塊上也會長滿了鐵線蕨與苦苣苔，依此方式也可以運用於日陰庭園的造景。

利用雨林部分植物棲
息在岩洞中的特性，
將其耐陰的性質運用
在花園中，並利用素
燒瓦盆可以揮發水分
的特點，來讓岩生植
物成長良好。

利用陶製蓄水容器之水分會透過陶土壁面的原理，在容器上栽植苔蘚，再種上虎耳草、卷柏、鐵線蕨和秋海棠等長於潮濕岩壁的耐陰植物，植物就宛如在野外般地自在成長。

同上圖，以容器培養方式，創造充滿自然美感的小小植物世界。（左：栽植了伏石蕨及喜蔭花。右：栽植卷柏、秋海棠和蕨類）

◎我的雨林花園

部分豬籠草的藤蔓性很強，在野外可以攀附於樹木上，在人為環境也可以
利用這種特性來裝扮花園，圖為蘇門答臘產的 *Nepenthes eustachya*，相當容易
栽培。

圖為泰國園藝展中造園比賽的
範例，立體空間以樹藤搭配著
生的石斛蘭、毬蘭和松蘿鳳梨
，地面則以蕨類和其他地生的
苞舌蘭來展現野地的感覺。

貝殼石斛是春季常見的垂莖
石斛蘭，栽培容易，很適合
作為空間美化的材料。

舞薑的花朵會自然下垂，但在生長期因需要比較高的空氣濕度，不適宜吊盆栽培，到了開花期可將盆栽擺在高牆上，欣賞它飄蕩的花序。

塊莖型的岩桐、岩生型的蕾麗亞蘭及硬葉鳳梨，以及多肉型的秋海棠等園藝植物，多來自有強日照的巴西高原，這些植物在低溫季節可以在屋頂培養，高溫季節可搭設暫時性的遮光網。

綠雕
吸附植物的無限可能

以人工修剪完成動物造型的方式,是綠雕最常見的技法。

綠雕(Topiary)原意是指利用修剪的方式將庭園樹木剪成幾何造型,或是各種動物、特殊景觀。但隨著園藝的日漸發達,綠雕已經泛指任何利用植物製作成類似雕塑的形體。陰暗的雨林中,許多植物為了獲得更多陽光,以吸附根攀登高大樹木,其中又有許多種類演化得特別扁平,以貼附樹幹,如此一來,即便上頭的樹枝掉落或受到強風吹襲,突出的葉柄或葉片也不會受到傷害。這些植物長滿了一整片後,就像是在原來的宿主上又覆蓋了一層葉子。也因為這些吸附植物的外觀特別扁平,無論宿主的表面有任何凹凸,被覆蓋後,仍然呈現出原本的型態。我們可以利用這種特性,製作特殊造型的綠雕。

製作前先構想要的形體, 形體表面必須覆蓋一層能讓植物扎根的保濕物質。要讓吸附植物扎根下去,一定要有類似原宿主表皮

在泰國東芭植物園，以各種幾何造型的綠雕組合而成的法式庭園。

的木栓層，且要有定量的保水性。理想的材料莫過於苔蘚、椰子殼纖維，白千層的樹皮也可以利用； 不少有機材料遇到潮濕的環境，崩解的速度相當快，所以還須考慮持久性，如果吸附植物的根尚未扎入便崩解，便不是適當的材料。有些吸附植物的根系對於附生的材料並不挑剔，只要是能穩定保濕的介面，就可以直接扎根附著，因此可以選用陶製的容器或雕塑，在其內部蓄水，或是放在水盤上，利用陶器的多孔材質讓水分以毛細作用的方式送達表面，這樣便能讓吸附的植物在此生長。

綠雕也可以利用其他素材，將植物立體造型化。

綠雕不一定只能在露地栽培的庭園樹上施行，盆栽植物也一樣可行。

熱帶雨林中有許多攀緣植物吸附
在其他高大樹木上，也極適合作
為綠雕的素材。

婆羅洲雨林中，吸附在樹幹上的不知
名植物，其革質葉宛如犀牛皮一般，
相當怪異。

利用吸附型的蟻植物——風不動會
用葉片包覆介面的習性，將木籃子
給包裹住。

許多吸附植物需要一個固定的垂
直介面，植株一旦察覺有這固定
介面，過些時候便會布滿整片。

利用風不動將介面潮濕的瓦缽給包裹成綠雕。

如果栽植環境的空氣濕度夠，吸附型植物也可以綠化水泥壁面。

薜荔是常見的吸附植物，可以包裹牆壁或水泥塑像，成為綠雕。

吸附型綠雕的手作實例

1 準備吸附型綠雕之材料：中大型保利龍球，棉線以及塊狀纖維質的苔蘚。

2 盡可能利用集結成塊狀的苔蘚，用手掌將苔蘚均勻包裹於保利龍球的外表。

3 以棉線將覆蓋於保利龍球外表的苔蘚多次纏繞，讓苔蘚不易脫落。

4 將完成後的苔蘚球置於附著型攀爬的蔓藤盆栽中央，小心翼翼地將藤蔓纏繞其上，注意吸附根的那面要緊貼在苔蘚球的表面。

5 這裡選擇的是幾種吸附型的蔓榕，澆水時，除了要注意盆栽介質要澆透外，苔蘚球也要一起澆。

鐵絲工藝
攀緣植物的無限延伸

　　可以利用綠雕的骨架，只是使用以纏繞或卷鬚等附著方式的蔓藤植物來固定植物體，而不需要潮濕的介面。因此，骨架不用添入水苔或其他材料，只要以鐵絲骨架和巧手調整蔓藤纏繞的方向即可。

　　這類植物不像吸附植物到處扎根生長，但需要讓根部成長的盆子，以及可供攀附的支架。至於支架的造型，可依讀者構思各種動物造型或簡單的幾何造型，材質不限鐵絲，只要可以彎成想要的樣子即可。若期待葉片也能將鐵絲銜接的空隙蓋住，就要加上軟鐵絲網，植物的卷鬚才可以抓穩。

以鐵絲來纏繞成各種形狀的造型物，可以支撐纏繞型的攀緣植物並形成不同造型的綠雕。

利用鐵絲造型可以輕易完成綠雕，即使是非纏繞型的攀緣植物，像是細軟枝條的灌木也可以用這種鐵絲造型來完成。

　　除了特別設計的綠雕造型體外，利用攀緣植物可以任意延伸、自己決定哪裡該有葉子、該往哪裡長的特性，將它擺放在合適的位置。例如家居環境想以盆栽遮蔽或美化空間，卻沒地方擺盆子，這時攀緣植物可以擺在別處，立個支架，將植物的莖蔓誘引到你需要的位置即可。許多人口密集的居住環境，需要一些遮斷鄰居視線的牆壁，以保有個人的隱私，這時可以拉張鐵絲網或搭設木架，讓攀緣植物來填滿它，如此既可遮蔽，也能收到自然綠化的效果。日常生活中常見的鐵窗也是攀緣植物能發揮的角落，許多造型不好看的鐵窗，可用有美麗葉片的攀緣植物來美化。

　　因為需要陽光，多數攀緣植物在自然界都利用細長的蔓藤抄捷

徑，將高聳的大樹踩在腳下。這些植物需要較多的強光，適合室內或光線不足的陽台栽種的種類較少，除了毬蘭之外，以部分耐陰的葫蘆科或葡萄科植物為主。

家中無法擺設植物的鐵窗角落，也可以將攀緣植物的枝條誘引過來，讓它們附著攀爬於鐵窗上。

鐵網牆相當適合纏繞攀緣植物附生其上，一旦纏繞上鐵網，便可以綠化遮蔽整個牆面。

玻璃花房
林床植物的最後庇護所

玻璃花房的設計概念源自於大航海時代，為了將熱帶雨林植物安全移送到寒冷的歐洲，植物獵人發明了這個設計。當時的植物學家發現這種密閉但光線可以照入的方式，能讓許多需要潮濕、溫暖等條件的雨林植物生長良好。因此在許多書上，甚至歷史悠久的植物園裡，可以見到一些體積比溫室小很多，但具有類

許多生長在林床或溪谷的植物，是長在地表的苔蘚或落葉層上。

似功能的玻璃密閉容器，多半設計精美，但絕對不只是個裝飾品。不少植物園的溫室所設定的溫度與濕度，只適用於一般的蒐藏，至於高潮濕度的植物，就倚賴溫室中玻璃花房的照料。

台灣是溫暖濕潤的氣候區，其實不太需要利用玻璃花房來保溫或提高濕度。在台灣，多數熱帶植物生長良好，即使在部分

許多長在林床上的雨林植物具有華麗的葉片，單是用空魚缸來培養，即可享有美麗的視覺感受。

季節裡，濕度也和熱帶雨林的一樣高。但還是受到亞洲季風氣候的控制，風向一變，溫差或許不太大，空氣中的水氣卻會立刻改變。這種濕度的變化，對來自熱帶季風林或雨林頂端樹冠層的植物來說，算是家常便飯，但對來自終年潮濕的赤道雨林底層的植物而言，卻足以導致死亡，因此，如何維持高濕度，相當重要。

平心而論，家居環境的濕度過高，對家具與人體健康都不好，除非特殊目的，若只是為了維持耐陰林床植物的順利生長，並不需要加裝造霧機，玻璃花房即可發揮功用。只

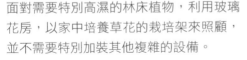

面對需要特別高濕的林床植物，利用玻璃花房，以家中培養草花的栽培架來照顧，並不需要特別加裝其他複雜的設備。

要不讓陽光直接射入玻璃花房，裡面的溫度就不會像蒸籠或烤箱般過熱。因此，靠密閉玻璃缸來維持濕度，可以將其放在散射光的環境下。

　　需要高濕度的植物，一旦放在這種環境，便會生長活躍。它們對介質的要求，多半是不要太濕，最好酥鬆且排水良好。如果缸底密閉、不漏水，澆水時不必澆太多，尤其不要澆到整個缸子處於積水狀態。如果澆水後，自

多數需要高空氣濕度的植物，以玻璃花房栽培時要避開陽光直射；但是部分來自溪谷中的植物，每天需要固定短時間的直射日照，可以選擇晨昏陽光較弱的時段，短時間可照射陽光的角落來擺設玻璃花房。

玻璃花房照顧花草的方式當然非只限定於使用透明的玻璃容器，唾手可得的密閉塑膠容器也可以使用。

即使小小的玻璃花房，也可以將數種習性相同的植物擺設在一起，加點苔蘚，看起來就更自然一點。

盆中滲漏出來的水難以處理，澆水時可先將盆子自玻璃花房中移出，等水流乾後再放回去。如果是密閉空間，澆一次水能維持較長時間，那就讓介質慢慢變乾，直到乾透，等植物出現葉片下垂略為脫水的現象時，再澆水。

還有一種方法是，不要密封玻璃，或是只蓋住部分缸口，讓空氣流通，缸底鑽洞，澆水時，盆底多餘的水就可以流出；由於四周仍被玻璃覆蓋，強風不會將缸裡濕度迅速帶走，濕度於是呈現比較和緩的變化。

這種不完全密閉的缸子還有個好處，就是能夠散熱。在高溫的夏季，即使沒有陽光直射，散射的陽光還是會將紅外線的熱度帶進缸裡，如果不將玻璃蓋掀開，讓高溫的水氣流走，缸內的植物會因溫度過高而生長衰弱。玻璃蓋部分開啟，能讓空氣對流，植物會長得比較好。

許多飼養兩棲類的生態缸已經有許多先進的設備，可用在室內培養植物。

如果你對雨林充滿憧憬，但屋外的環境日照不足，不妨設置一個雨林生態缸，它會是連接現實生活與熱帶雨林的窗口。由於熱中飼養雨林兩棲類，許多荷蘭與德國的同好致力於生態缸的改造，近年來

觀賞鳳梨是許多飼養劍毒蛙的飼者會放在生態缸中的固定班底植物，需要選擇可以耐高濕度且長期噴霧及適應較低光照的種類。

可愛的劍毒蛙像是熱帶林蔭下的精靈。

雨林生態缸已發展得相當完備。許多相關設施與器材，例如自動控制噴霧器、電照、風扇等，都可以在水族館或兩棲爬蟲店找到。但這些設備是為了那些雨林動物研發的，栽種植物時，還需注意很多事項，因為，生態缸設計的前提是以動物為主角，植物只是搭配出雨林氣氛的配角，甚至只是背景，因此，若要專門用來栽種雨林植物，得做一些更改。

既然設置雨林生態缸，要有一個概念，動物會到處移動，尋找適合自己的微氣候，牠們比植物更需要恆定的氣候，這些需求一開

始就必須考量進去。在雨林多樣化的複雜環境裡，大多數的雨林動物只出現在一個特定空間，例如在林床樹根旁活動的箭毒蛙類，不會爬到氣候截然不同的樹冠層（即使會背蝌蚪至上方的鳳梨水槽，也是離地不太高的低層）；在樹上覓食的蛇類也鮮少溜到地面。

　　造景時，很多人誤以為要將雨林中不同角落的植物，放入如同諾亞方舟般的狹小空間。這就像在水族館裡看到各種美麗的魚，就想各撈一條回家，放在自己的魚缸中一樣，只考慮到外在形式的美感，卻完全忽略牠們各自的基本習性。我想，今日的科技還無法讓在1公尺見方的空間，容納高度超過80公尺、四周無限延伸的複雜雨林氣候，更別說其他不同的林相生態了，如果硬是亂塞進去，慘劇可以想見。因此，設計生態缸之初，必須先規劃植物種類，即便想種的種類繁多，希望包山包海，也最好有所限制，盡可能挑選來自類似微氣候的植物。

　　很多人不清楚生長在熱帶雨林的植物，會隨著生長環境的高度、濕度、溫度，以及光照和通風狀態的變化而有所差異。例如，單純地認為生長在雨林的觀賞鳳梨，生態需求應當都一樣，便將林緣樹梢的銀葉系空氣鳳梨、樹冠層的五彩鳳梨、林床部的小鳳梨、樹幹低層的鸚哥鳳梨，全種在一起，如此族群不能融合的情況下，後果自是凶多吉少。其實，如果家中可以設置兩個不同氣候的生態缸，一為來自樹冠層與林緣樹梢的空氣鳳梨、五彩鳳梨，一為來自林床與樹幹低層的小鳳梨與鸚哥鳳梨，會是比較理想的組合。

　　又如苦苣苔，與其隨意將著生於樹上的金魚花和林床上的喜蔭花擺在同一個生態缸裡，不妨在造景前先定位缸子的環境歸類，是要以著生環境為主，還是要呈現林床生態。如果要打造著生環境，可將喜蔭花改成外觀接近、但長在較低層樹幹的蕾絲蔓；如果比較偏愛喜蔭花，那就將金魚花改成來自溪谷潮濕岩壁的迷你岩桐，會更合適。

　　若在栽種前先查清楚它們的基本資料，就不會無所適從，且會讓植物在生態缸中生長得更好更久。例如，生態缸內多半設有噴霧

欣賞設置與構思完善的生態缸內部，讓人彷彿進入神祕的雨林中。

的噴頭，以提高空氣中的濕度，但仍有不少雨林植物非常忌諱葉片沾水，安置植物時，要注意調整噴頭的方位與植物的角度。不少噴霧系統是每小時噴一次，啟動時要考量生態缸的風扇系統，讓通風與濕度達到完美的和諧狀態。

　　國外的園藝書籍常介紹源自法國的玻璃罩，它被用於早春嚴寒時，新生花苗或蔬菜的保溫，以避開晚霜的侵害。歐美國家的室內雖有暖氣供應，不需保溫，但空氣濕度太低，近年來，玻璃罩也被大量應用在室內植物的保濕。因為它只要用單手移動，提起來再罩下去，相當便利，不需要大費周章搬個缸子來裝。在台灣，冬季低溫帶來的問題，遠不如夏季高溫棘手，對於某些怕高夜溫的雨林植物，可吹冷氣來解決。但吹冷氣時，最好還是用玻璃罩蓋住，以免這些需要高濕度的植物脫水，且別忘了隔天早上要移開玻璃罩，將它們移到戶外。

植物畫框與垂直花園

植物畫框

　　除了利用平面空間栽植花草，讓著生植物附生於垂直空間，也值得大大利用。種植著生植物，許多人會採用蝴蝶蘭或鹿角蕨的上板方式。在板子上種植，其實還有很多玩法。在自然界裡，這些長在樹上的植物，還會遇到不少想搭便車或和它作鄰居的其他植物。因此，可以將板子視為一塊畫板，讓這些著生植物自己當畫家，在畫板上展現它們的畫作。

　　選擇著生植物時，除了要考慮搭配的植物對環境的需求類似，最好也能提高外觀的差異，否則二、三種外觀和顏色近似的植物混生，效果和只種單種差不多，只是白忙一場。

　　也要考慮植物成長後的大小，例如會長成巨無霸的鹿角蕨，便不適用於小板子，否則，且不說它自己的生長空間會受限，還會侵犯到其他植物的生長空間。

　　因此，搭配時，不妨考慮一些具有很多成員，但外觀差異大的家族，會是不錯的選擇，例如空氣鳳梨、風不動、毬蘭、小型的五彩鳳梨、石斛蘭、迷你嘉德麗亞蘭、小型單莖性的蘭花（像是百代蘭、蝴蝶蘭）、著生性仙人掌、骨碎補等小型

溪谷中的許多植物，多是附生在潮濕石壁上一層淺薄的苔蘚上。

毛石斛蘭是一種盆植時困難度較高的種類,以木板為介面,將它視為畫框上的主題,當花開時會是個美麗的畫作。

蕨類。有些需落葉休眠的春石斛系蘭花,冬季低溫時要斷水以利其開花系統,便很適合和有相同需求的孔雀仙人掌附生在一起。

　　附了板的植物,多半需要一段時間生長,因此,上板時,要預先留下未來植物的生長空間,若是一開始便擠得滿滿,看起來固然豐富,卻不顧未來生長空間,其實和插花無異。

　　著生植物多半都對環境有一定的忍受力,因此,在植物黏附之後,可移到室內不太適宜成長的地方作短暫懸掛,以點綴空間。如果製作多塊,還可輪流擺設。基本上,在室內擺個四至五天,不會有太大問題;只是,室內擺設時,應該減少灌水,讓植物因為缺水而減緩生長, 不致因光線不足繼續徒長,導致外觀不佳。

找塊木板，將聚石斛及萬年松附著其上，依附的位置可以按自己的構圖喜好，但因為萬年松需要比較高的濕度，因此需要在基部附上更多的苔蘚以保持濕度。

店家面前擺設的植物畫框，板子上所採用的皆是附生植物，像是石葦、單莖性的仙人指甲蘭及聚石斛。

　　以上是針對可直接附在板子上的著生植物。至於在垂直壁面、僅靠著岩縫中少許有機質或灰塵堆就能生存的植物，可採用另一種方式。在板子上另外固定流木或橡木樹皮等介面，然後在流木或橡木皮與板子的間隙中，填入水苔或其他介質，再將這些無法以根系附生在木板上的植物植入。這類植物很多是長在溪谷的環境，例如鐵線蕨、迷你岩桐、走莖型的海棠或小型的地生蘭以及卷柏等。

　　要讓著生植物附在板子上，多半沒有什麼問題，如何維持生長

空間的濕度，才是需要
費心的事。

垂直花園

垂直的壁面，除了
可以掛上附生植物的板
子和半邊盆，還有別種
裝飾方法。在國外，目
前相當流行垂直花園，
即模擬著生或岩生植物
在野外的樹幹或岩壁等
的環境，供給它們附著
所需要的基質與養分，
讓它們在類似野外的人
工垂直介面生長。

但是，若依照正規
的施工方式，勢必是個
大工程，其實只要動動
腦，就可以找出替代方
案。許多建商在樣品屋

熱帶雨林中的石灰岩壁上形成的垂直植被。
許多植物以石灰岩上凹凸不平的坑洞為生長
平台，這種環境多半相當陰暗與潮濕。

或室外花展時，將盆栽斜放在壁面的鐵架，便是一種替代方式。但
要注意，傾斜的盆栽澆水時，必定有一邊的介質會因為水分流出而
乾燥，若不經常拿出來徹底澆透，植物的部分根系很容易乾死。筆
者發現某些可以懸吊在鐵網上的塑膠籃能克服這點，只要將壁面以
數根釘子固定好鐵網，將要照顧的植物植入塑膠籃內，再依照它的
葉形和質感，模擬自然生態掛上去，如此一來，原先陰暗的壁面看
來就會像是長滿植物的山壁。

（左圖）泰國曼谷的百貨公司內部，利用透過玻璃圍幕的間接光線，搭配雨林中的著生植物來點綴室內的垂直空間，像是雨林進入了都會生活。

百貨公司的垂直空間以毬蘭、山蘇花等對空氣濕度較不挑剔的著生植物來點綴，可以省卻很多管理上的麻煩。

蔓綠絨等天南星科著生植物也很適合利用作垂直空間的材料。

以口紅花及黃金葛等著生植物來點綴小型的
垂直空間，此處將附生的介質以鐵網固定在
垂直面，讓植物直接附生。

利用網架，將現成
的觀葉植物盆栽，
以傾斜的角度放入
，是能短時間點綴
室內牆面的做法。

此垂直美化空間的方式，是在室外空間利用訂做的鐵架，將相同尺寸的盆栽套入鐵架內。由於盆子是斜放的，因此需要留意每一盆都充分澆水。

公園內利用觀葉植物點綴垂直空間，以不同色彩的葉片當做畫作的布置。

市區街頭可見以垂直花壇的方式來加強招牌的醒目度，圖中只是採用很容易管理的山蘇花及腎蕨。

許多垂直花壇的基礎設施皆已經有整套的設備，只要將植物依據容器的大小套入。要注意的是環境條件以及灌溉的周全考慮。

利用水泥槽也可以構成垂直花壇的介面。

生活之木
著生植物的市集

在台灣，著生植物不是種在盆裡，便是附上板子，如今許多人開始改以漂流木綁上蘭花做吊飾。其實在熱帶地區，除了吊著外，很多人也會將樹幹立起來，讓耐乾的著生蘭直接長在上面。樹幹要如何立起來呢？有的是用鐵架作底，以鐵架的重量加上底面積，便可立起樹幹。或以塑膠桶將樹幹直立於其中，填入水泥與碎石。在新幾內亞，當地人甚至直接將蛇木幹插入花園土中，再附著蘭花。蘭花長上去後，會像蘭花樹一般壯觀，而且管理上很簡單，只要澆水施肥，不需要換盆 。

利用擺設於庭園中的枯樹幹，將著生性的蝴蝶蘭、斛蕨及觀賞鳳梨等，固定於樹幹上，讓它們生長。

台灣或許不適合像熱帶國家那樣，讓羚羊石斛或單莖類蘭花等高溫性蘭花附生於樹幹，但是可以將容易栽植的蝴蝶蘭和其他嘉德麗亞蘭以及部分厚葉文心蘭等蘭花附生在樹幹上。除了蘭花，可直接附生，不加水苔保濕材料

將鹿角蕨固定於庭園中緬梔的枝幹分岔，植株成活後，即有另一種景觀。

的著生植物還有很多，例如銀葉系的空氣鳳梨、蜻蜓鳳梨、風不動、夜之女王等，都喜歡長在裸露的樹幹上。至於原生於雲霧林的著生植物，或是需要將根部深入樹幹苔蘚層的著生植物，並不適合這種栽種方式。

值得注意的是，以這種方式栽植擺設時，要考慮植物需要光的程度，來調整擺放位置的陽光角度。施肥時，可以將緩效肥料綁在細網中，再固定在樹幹高處，這樣每次澆水時，肥料便會自動稀釋溶解，只須定期更換肥料包即可。

部分棕櫚科的庭園樹，其葉腋間有許多葉鞘纖維可以讓著生植物的根深入，因此能輕易讓著生植物附生。

將觀賞鳳梨固定於花園中的樹幹上，並將火鶴花及蔓綠絨等會攀附樹幹的種類誘引至樹上，經過一番時日，即可展現宛如熱帶美洲森林般的景觀。

將盆栽的積水鳳梨固定於庭園中的大樹。為便於固定，以近似樹皮顏色的乾椰子殼將鳳梨根系包裹住，如此不但可以在附生初期提供適當的濕度，看起來也很自然。

銀葉系空氣鳳梨這類比較喜歡乾
燥的種類，不需要採用椰子殼，
直接固定即可。

像千代蘭類等單莖性蘭花，如果植
株夠大，已經有粗大的根系，不需
要添加任何保濕的材料，可直接將
植株綁在樹上，讓根慢慢附著。

在泰國的庭園樹上，常可見到秋石
斛直接附生在樹幹上，為了提供適
當的濕度，多半會以椰子殼為固定
的介質。

將小型五彩鳳梨固定於段木上，並且讓攀附的針房藤自下端覆蓋整支段木。

除了樹幹外，乾枯的竹頭也可供著生植物附生，圖片中是將喜歡根部透氣的劍葉文心蘭附著於竹頭上。

在陰棚中立一根段木，直接將空氣鳳梨綁在上面，即可讓它生長良好。

在陰棚中的分岔段木上綁上小型的五彩鳳梨以及其他耐濕的空氣鳳梨，假以時日，五彩鳳梨會蔓延整個段木。圖中是廣為栽培的「火球」。

小型的五彩鳳梨根系相當強壯，只要樹幹上有足夠的裂縫能保持濕度，可以將它們直接綁在樹幹上，不需要添加其他保濕材料。

以分岔之段木綁上空氣鳳梨的實景。

在新幾內亞島上，當地人多半是將砍伐下來的蛇木柱直接插入土中，在上方栽植著生蘭。

如果可以保持衡定的高空氣濕度，可以直接將萬代蘭等單莖性蘭花直接綁在木條上。（攝於泰國的蘭園）

除了直接利用自然界現成的段木，
也可以利用鐵網捲成的圓柱體，在
其中填充木炭或樹皮，這樣也能讓
著生植物附著。

利用綁船纜的瓊麻繩，以其不易腐
爛的性質來栽植著生植物。

利用一小根段木栽植骨碎補，比栽種在吊盆中更具自然風。

喜歡排水好的硃色蘭在附著
於段木後，以其匍匐的特性
在段木上蔓延，減少盆植時
需要常換盆的困擾。

即使是一根小小的段木，也可以讓著生的
火鶴花生長其上，並且開花結實。

另一種變通的方式是在
穩定的段木上釘入鐵釘
，以瓦盆上的孔洞固定
盆植的鳳梨於段木上，
如此不僅能表現出著生
的樣貌，也可節省平面
空間。

天秤吊飾
漂浮於空中的花園

　　許多來自熱帶石灰岩或砂岩地區的植物，扎根在岩壁上碎裂的岩縫中，裡頭僅積存一些些有機質。 它們不是著生植物，根部沒有能夠直接自潮濕的大氣中吸收水分的海綿層，也沒有具吸附能力的氣根可以固定在樹枝上，只能以具有根毛的細根自有機質中獲得水分及養分。

　　要栽植這類來自岩壁地區、需要良好排水環境的植物，利用鐵框做成的吊籃是不錯的主意。許多有名的觀賞植物皆是來自這種環境，如果能將這些在野外就是好鄰居的搭檔，重現於家中吊籃，便可用單一的管理方式來照顧多種美麗植物，以下列舉幾個環境與植

以鐵網做成圓柱，中間填入樹皮替代真實的樹幹，懸掛起來就可以栽植各式各樣的著生植物。

許多熱帶雨林中的植物是附生在岩壁上，像孔雀薑、苦苣苔及秋海棠等。

物的例子供讀者參考。

　　墨西哥的石灰岩：景天科、硬葉鳳梨、小型龍舌蘭、鱗片根莖型的苦苣苔、小型仙人掌（此區有不少長型且具匍匐性的種類）、岩生型的蘭花、捕蟲菫等。

　　巴西的砂岩：多肉莖性的海棠、旱地型岩桐屬、乾地型的鳳梨

科、岩生型蘭花、小型仙人掌。

東南亞的石灰岩：岩生的拖鞋蘭、秋海棠、苦苣苔的皮草或蛛毛苣苔、觀音蓮、寶石蘭、魔芋。

東南亞石灰岩區的範圍相當大，因此，氣候差異也很明顯，但是，基本成員就是上述這些，只是物種不同。如果選擇熱帶季風林下石壁的植物，冬季需要減少灌水，可以另外加上此區特有的鳳仙花；如果選擇的是婆羅洲赤道降雨林的植物，很多需要終年潮濕的苦苣苔或薑科植物都可以加入。

熱帶季風林中的石灰岩壁上的岩生植物，像是皮草及魔芋等，在雨季會一起成長，等乾季降臨，魔芋會進入休眠，而皮草結完種子則會枯死。

來自雲霧森林的著生植物，不像低海拔森林中的著生植物直接將根吸附在樹幹上，能忍受空氣中濕度的劇烈變化。在原生地，它們的根多是扎在潮濕的樹幹苔蘚中，根部所需的濕度也和上述岩壁植物差不多，可以用吊籃的方式栽培。不過介質需用純水苔，或是混合部分碎樹皮或蛇木屑及珍珠石等。

若依原生地來配置，亞洲及大洋洲雲霧林可以配置口紅花、著生杜鵑、豆蘭、石斛蘭、野牡丹藤、著生的蝴蝶薑及部分雲霧林中的毬蘭等。中南美洲雲霧林更多，包括多種森林仙人掌，鯨魚花、

以漂流木為基座，栽植五彩鳳梨及著生仙人掌，雖無花蕊，顏色依然可以鮮豔異常。

泰緬邊境之石灰岩上，在雨季生長的鳳仙花、孔雀薑以及山藥等植物。

利用市面現成販售的半邊籃，以漂流木為基座，其中添加少許樹皮及苔蘚，栽植來自熱帶美洲的園藝種著生植物。

此會場展示，乃以藤圈或其他木質藤本纏繞的圈圈栽植著生植物。

袋鼠花等著生的苦苣苔，眾多的著生蘭屬，積水型的空氣鳳梨亞科，椒草和著生型的火鶴等。

　　當然，如果不是強烈的原生地追求者，大可不必介意地理上的植物差異，只要注意植物的基本性質，不妨任意搭配 。

　　來自雲霧林的植物，只要不選擇海拔太高或是耐熱性差的，基本的管理方式都很相近。在配植時，要依植物的生長習性，例如蓮座型或比較矮的植物，最好種在兩側；匍匐性植物可以種在吊盆邊緣，讓植株像瀑布般流出；直立的或有長葉柄的，建議種在吊盆中間，這樣植物可以充分往上伸展；軟枝或懸垂性植物當然就放在下面，這樣彼此不會互相干擾。事實上，就和一般草花組合吊盆的方式一樣，只是依照野外生長的模式來組合。

以漂流木栽植著生的蝴蝶薑、著生蕨類及蘭科植物，掛於鳥舍前的裝飾。

婆羅洲雨林的石灰岩壁上的諾斯豬籠草及多花性拖鞋蘭的小苗，僅是靠著岩壁上的一層苔蘚就能成長。

利用不鏽鋼網編成的籃子，放置石灰岩塊及有幾質的細樹皮等，培養同是來自東南亞石灰岩的植物，像是秋海棠、多花性拖鞋蘭、鐵線蕨、觀音蓮及卷柏等。

泰國觀光區，店家裝飾於門口的石塊上，栽植了岩生性的蕨類及貝母蘭。

166 ◎我的雨林花園

水際草缸
雨林中的陰暗水窪

槐葉萍、水萵苣是花市常看到的浮水植物，也需要足夠的日照，若放在室內日照不足的環境，多半無法長期維持。

　　對渴望自然卻沒有陽台培養花草的人來說，室內一隅，養上一缸水草，是不錯的主意。利用缸內的照明，烘托出整缸翠綠色彩，有時比栽種室內植物更美，下班後，站在缸子前，隔著玻璃觀察水草，不知不覺便會神遊其間，忘除煩惱，收到舒壓的效果。

　　但在獲得這片美麗前，必須先掌握水草栽培的相關基礎知識，不少技巧則必須在著手種植後才能學得。另外，肥料和相關設備，都是一筆很大的開銷。

　　但有一類水草照顧起來沒這麼麻煩，天南星科的水椒草在自然界中，常常長在陰暗的沼澤森林，因此需要的光源不多，不像一般水生植物需要充足的光線（睡蓮一天需要數小時直曬陽光或人工照明），加上可以半水生培養，不需要一般培養水草添加的二氧化碳，需要的肥料也少，不用昂貴的水草液肥。

　　只要在陽台或室內近窗口的明亮處，找個不透水的淺盆或淺玻璃缸，在盆底放入腐葉土，植入水椒草，表面覆蓋一層河砂（為了不讓腐葉土飄至水面），再緩緩加入水，水深至水椒草葉片。如此一來，葉面在水面下，但是能接觸到空氣。設置好後，不要任意更動擺設位置，因為水椒草比較喜歡穩定的環境，一旦開始成長，會比在缸子裡完全水生，或在密閉玻璃缸陸生容易管理，而且也不難開花。

　　唯一要注意的是，如果擔心會長蚊子，可以在缸子中放一隻孔雀魚，孔雀魚食量少，也會自行吃藻類（不要放鬥魚，鬥魚食

斑葉的澤瀉也常栽植於水缸中，需要足夠的日照。

量較大，沒有蚊子時，需要另外餵食，這樣會導致水中的營養鹽增高，最後不得不做換水等麻煩的工作。）如果室內幽暗無光，連水椒草都活不下去，才須另外開一盞燈。

適合這種栽培的水椒草，多半是長在泥炭濕原的種類，因此不要選擇長在流水型的種類。在止水狀態下，流水型種類會越長越糟。除此之外，平時只需注意添加水分，維持適當水位即可。

海帶草是婆羅洲雨林陰暗一角的水窪中，極具耐陰性之睡蓮科植物。

睡蓮是常見栽植於水缸中的植物，需要強光的環境，上圖為夜晚開花的白
花夜睡蓮。下圖為白天開花的溫帶睡蓮。

原產於熱帶雨林中的水椒草，只需要低日照，在日陰的一角只要準備這樣
的水盆，便可以輕鬆栽植。

採用半水生的栽培法來培養水椒草，可以
省卻其他栽植法所需的設備。

以水上型栽培水椒草時，
需要一個可以維持高空氣
濕度的容器，否則水椒草
的水上葉會脫水。圖為栽
培於玻璃缸中的實景。

日陰花壇

森林中的宴會

　　栽植花草，若有固定日照，多數植物可以活得很好；如果嚴重光線不足，像是朝北的陽台，或陽光被對面高樓遮擋，就只能選擇耐陰的植物。

　　選購觀賞植物時，很多人喜歡詢問植物的耐陰程度，其實不少販售者並不是植物栽培者，得到的答案不一定正確。有時文字也會有所誤差，若問這種植物可以擺在室內嗎？答案如果是「可以」，或許指的是有陽光照射的明亮窗邊，而非陰暗的陽台。

　　大多數的開花植物需要比較充足或是短時間的日照，只有少部分耐陰雨林植物可在低光照下開花。很多時候這些耐低光度的植物，由於生長在林床或石灰岩洞中，除了光照低外，空氣中的濕度會很高，一般家居環境可能無法提供這樣的濕度，因此在栽種耐陰植物時要參考本章「玻璃花房」的部分（第133頁）。

　　如果特別喜好

自然界中森林陰暗的一角，也是許多植物生長的空間。

些需要明亮環境的植物，受限於陰暗環境而想以人工照明來彌補，必須理解人工照明所提供的照明度還是很有限，室外栽植遮光度數低於百分之五十的種類（遮的越少，表示它所需要的光度越多），以人工照明多半效果不彰。

在室內或是陰暗的

在室外日陰的一角，可以利用需光量不多的雨林植物，像是雨林椰子、天南星科植物等作為布置的材料。

陰暗的場所不該只適合單調的綠色觀葉植物，許多來自雨林的觀賞植物，也能提供不同的葉色及葉形，讓日陰花園有更多的選擇。

根莖型的秋海棠耐陰性很強，在熱帶國家經常被選為棚架下或花園陰暗角落的主角。

喜蔭花是少數在熱帶國家容易開花的苦苣苔科園藝植物，常被栽植於日陰的地被，在台灣適合作為夏季高溫時期的點綴。

陽台安置花草時，可依據植物本身的高低與葉片的形狀，稍作構思。一般而言，高的植物適宜擺在後方的位置，不妨找出自己經常行進的動線，依據動線和實際上視覺的焦點來擺飾。將不同葉形和葉色對比的植物穿插在一起，可讓視覺感受更加自然，

單單只是綠色與銀白色的搭配，冷水花與地毯海棠便可以演出相當生動的畫面。

而不致流於匠氣。想將同類植物聚集在一起，以便於管理，也無不可，只是在自然界中，不同種類的植物多是混生在一起，不會是同一家族的彼此聚在一起。不過許多園藝愛好者似乎傾向於單獨收集某類植物，那麼就不必考慮上述混植的方式。

在日照不足的壁面，攀爬了葉片多樣的天南星科植物後，原本單調的牆壁也改變了表情。

雨林植物的多層次栽培法。利用雨林植物對陽光不同的需求，上方強光處可懸吊山蘇花、鹿角蕨及雨林仙人掌，下層則適合低日照之秋海棠與其他蕨類。

日陰的空間可以選擇栽植的雨林植物很多，圖中是以具有漂帶般葉片的火鶴以及懸垂枝條的石松為主角，讓整個空間充滿著飄蕩的動感氣息。

日陰庭園如果可以保持適當的濕度，苔蘚植物或是地衣也可以成為主角，各種陶器或岩石都是讓它們附著的表演舞台。

都會生活的
花草應用空間

　　若因工作關係經常不在家，家人也無法幫忙照料，擔心植物因乏人照顧而死去，而不敢種植花草，其實還是有一些變通的方式，可以讓家居環境看起來綠意盎然。也許你直覺想到的是塑膠樹，但是這個方法實在有點自欺欺人，且略過不談。

　　以插花來說，不少熱帶植物的葉片比花朵能夠維持更久，例如天南星科或椰子樹類的葉片，可以在花材店買到。在家中的視覺焦點處擺個質感和周圍環境搭調的瓶子，插入天南星的葉片，會是個不錯的主意。

　　只是選擇植物時，要注意不同類的葉片其水插的壽命有不小的差距，像觀音蓮、蓬萊蕉（花店稱為電信蘭）、天使蔓綠絨，以及火鶴（花店稱為火燭葉）等常見的植物，水插壽命為觀音蓮最短，蔓綠絨、蓬萊蕉次之，火鶴最耐久。這些市售的觀葉盆栽一盆大多也只有數片葉子（買一盆回去，若是忙碌而疏於照顧，也是養不久），一把葉子的價錢不比買一盆貴，又可以插成很多盆，甚至如果找好看一點的吊盆，盆中擺入水

一般市區的高層建築，多受限於日照不足，多數人只會想朝陽台外的空間水平延伸，其實陽台內的垂直立體空間還是可以培育喜陰的雨林植物。

園藝展上，以雜貨等搭配孤挺花的造園設計。

瓶再插入葉片，懸掛起來，感覺或許不比種植盆栽差。

如果栽植了很多觀葉植物，訪客來訪或是特殊日子想要擺設花藝作品時，可將自家茂盛的葉子和買來的花朵搭配在一起，也會有新奇的感受，因為花店用的

如果有足夠的空間及陽光，栽植這類中型赫蕉可以省卻許多管理上的不便，且常年可切取花朵供作切花。

以日日春及百日草等夏季草花搭配小型鬱金。此迷你空間花壇中的所有植株，都是先培養在容器中，只在開花時組合在一起，周圍再以磚塊裝飾。

筆者的書房朝南，冬季可以獲得足夠的陽光照射，只要將窗戶緊閉，室內溫度便足以讓畏寒的雨林椰子過冬；而這些大葉子的熱帶氣息，正足以讓人感受到雨林。

綠葉配材大都是鐵羊齒或武竹，較乏新意。加入不一樣的自家產品後，能讓花藝作品更具手創的質感。

　　鮮花不一定需要瓶子或劍山、花泉海綿才可以搞定，也未必需要參加花藝課程才插得出好作品，經常翻閱室內設計等相關書籍，或是留意逛街時的商家櫥窗擺設，都可以培養美感與創意 。

　　如果住家庭院有比較大的空間或適宜的場所，可以培植切花用的花材。哪個時間最需要花材？聖誕節或春節？還是每個家人的特殊紀念日？如果剛好遇到大眾節日，花材鐵定上漲，與其花大錢，

將藍色熱帶鳥類的羽毛，和朱紅色的迷你嘉德利亞擺在一起，是絕佳的室內裝飾。

提心吊膽地去買冷藏過頭的花材，還不如剪自家種的新鮮。筆者在院子的一角種了春節時必定會開的節日赫蕉，每年不需與人爭搶昂貴的年節花材（反正過年幾乎是用紅花，能選的大概不出那幾樣），只需要買搭配花材就可以了，而且新鮮的赫蕉插在瓶中，可由除夕一直點綴到元宵。

　　平時的日子或許不需要那般豐盛的華麗裝飾，在桌角或茶几擺上個小皿，甚至積水的貝殼，放入陽台或花園種的小花或葉子，也會是個改善心情的好方式。如果這些小花或葉子有點香味，那就再好不過。香氣是種看不見的神祕物質，無意間聞到時，給人的感覺卻是最直接最私密的，有時還可以喚醒一些遺忘了的記憶。

鐵絲編成的容器，以乾苔蘚鋪設鐵網簍空的部分後再擺入秋海棠，呈現了另一種面貌。

火炬薑因為植株高大，只適合栽植在庭園的避風處，切下的花朵可以在瓶中維持近一周的時間。

紅花月桃是在溫暖地區容易栽植的高性多年生草花，作為綠籬或養植在日照不錯的牆邊，能常年開花，花朵也適合切取下來擺設於室內。

鐵絲編成的酒杯型容器，以毬蘭這類蔓藤性觀葉植物來裝飾，可以先整理藤蔓，以立體方式表現美麗的葉片。

在泰國花展時見到整把插上水管的秋石斛蘭，綁成水滴狀後懸垂倒吊，即為美麗的裝飾。

蔥蘭是很容易培養的球根花卉，只要有日照充足的陽台或屋頂，以小盆子甚至只是保利龍箱栽培，便能開花。剪取下來插於瓶中，美感不輸給鬱金香或百合。

根莖型的秋海棠交配種於每年春季總是開花滿滿，為避免在花後結種子浪費養分，可在花期中剪取花梗當切花，頗有繽紛的效果。

筆者家農曆年節，將花園中培養的赫蕉剪取下來搭配金絲桃的果實，即成
為富有年節氣息的裝飾。

熱帶花卉有很多並不具有很好的吸水性，枝條剪下來也很容易脫水，因此只摘取花朵漂浮於水面，是很常見的表現手法。

小型鬱金之花朵瓶插。當花朵有限，又希望可以填滿整個瓶花空間，可以在花朵外側裹上一圈蕉葉，如此不但可以填滿空間，不會因花朵少而東倒西歪，更展現特別的設計感。

泰國的傳統民俗花藝表現法。圖中是將秋石斛蘭的花瓣以鐵絲串結後，再以線連結的技藝，多用來供佛或祭祀。

花市所見熱帶睡蓮的切花，花朵極具芳香，這類睡蓮的吸水性不是很好且需很多水分，瓶插時需要高水位，或將花梗剪短，好讓花朵貼近水位。

蕉葉是熱帶地區常用的食器之一，將藤籃鋪上蕉葉後，配上小花，即可讓早餐更有美感。

原本擺設鮮花的茶几空間，改以水果為主角，配以花園採摘之極富香氣的忍冬、蘋果薄荷和玫瑰天竺葵的葉片，即成為色香味俱全的桌面裝飾。

鷹爪花是蔓性木本植物，高溫季節的夜晚，會讓整個居住空間凝結在水果般的香氣中。只要採幾朵放在小藤籃裡，只需約2分鐘，便可讓室內都是水果般的甜香。

煙捲花是中南半島常見的一種芳香花木，當地多撿取落花和菸草絲捲在一起使用，香味撲鼻。

水梅也是近年來引進的東南亞芳香花木，栽植於庭園一角可讓整個花園的白天都浸潤在香氣中。

撿取飄落的雞蛋花，沿著階梯擺設也頗富趣味。

將梔子花漂浮在碗缽的水面，能
讓花朵的香氣更持久。

雨林廚房
異國森林中的美味

　　熱帶雨林旅行中，可以嚐到一些美味的餐點，所使用的許多素材都是我們意想不到的。雖然有許多怪異或台灣根本找不到的植物素材，但以下介紹在台灣看得到，卻少為人知及食用的菜色。

炒蓮花梗

　　睡蓮是常見的水生植物，很多人栽培，享受其夏日美豔的花朵，花凋謝以後，大部分的人直接剪除後丟棄。泰國的市場常可見到販賣睡蓮花，整捆地賣，既沒插在水裡，看來也快凋謝，起先不知道買那一大捆花要做什麼，詢問後才得知都是凋謝後才拔起來成捆販賣的。

熱帶地區經常栽種於屋後牆上的羽翼豆與夜來香，多供作食用，花也相當美。

　　凋謝的睡蓮有什麼用處？答案是炒來吃。泰國中部溝渠遍布，裡面多的是野生的睡蓮，人們在白天將已凋謝的殘花拔起來出售，還沒開的先等花開，欣賞完再拔。

　　睡蓮花可食用的部位是花梗，拿到後先切除花朵。切花梗前，

有個比較麻煩的步驟，必須去除外層的硬皮，方法和去除西洋芹外皮的粗纖維類似：花梗對折後，可以看到連在外皮的粗纖維，將它往兩端撕去即可，或用小刀從一端開始削。削掉粗纖維後，將花梗切斷，然後就如炒韭菜花一樣，以哪種佐料與肉類拌炒都可。炒過的蓮花梗嚐起來脆脆的，相當可口。不妨在家裡種幾盆睡蓮，除了觀賞，還可以將垃圾變佳肴，可謂一舉兩得。

在東南亞溝渠或濕地皆可見的睡蓮，也是食用的素材。圖中是泰國南部常見的紅花夜睡蓮在清晨即將閉合的樣子

睡蓮花梗去皮後切段、拌炒蝦仁，即是一道美味。

市場上所見綁成一把一把的白花夜睡蓮，也是供食用的。

香蕉花

　　一般在台灣，很少人知道香蕉花可以吃，其實，在東南亞許多國家，香蕉花是供作食用的。料理的方法很多，除了吃炒麵時直接生食當配菜（我想這樣的吃法大部分的台灣人難以接受）。另一種方式是涼拌，準備好主材料雞胸肉、香蕉花、紅蔥頭、炒香後磨碎的花生粒（要去皮）、甜辣醬等配料。先將雞胸肉燙熟，稍涼後，剝成絲備用。紅蔥頭先爆香，將香蕉花一片片的苞片剝開來切絲，泡在熱水中去除具苦味的單寧。再將紅蔥頭、花生粒、雞絲與香蕉花絲等，與甜辣醬一起拌勻，即可食用，吃起來很清爽，是相當美味的飯前小菜。

台灣市面上所見不是香蕉便是芭蕉，但在東南亞，可以見到的蕉類物種實在是多得驚人。（攝於婆羅洲沙巴）

和香蕉一起販售的香蕉花。

將香蕉花切絲涼拌，也是美味一道。

攝於婆羅洲的野生的火炬薑。左邊
像是鳳梨的即是火炬薑的果實。

剝除外殼後的火炬薑筍及花朵。

將火炬薑的聚合果一粒粒撥開，拌
上鹽，即成為一道涼拌沙拉。旁邊
鐵碗內即為剝開果莢後，可食用的
果肉及種子。

火炬薑大餐

　　火炬薑是一種美麗的觀賞
植物，在東南亞，因為具有薑
科植物特有的辛香氣味，許多
人將它栽植於自家後院，作為
佐料。泰國南部及馬來半島的
居民，多半只用花朵，將花的
苞片洗淨後切絲，放在咖哩濃
湯上，用量不多，就像我們放
芫荽（香菜）的份量，咖哩的
熱氣會將它的香氣逼出，嚐起
來更美味。有時在盛滿飯的盤

利用火炬薑筍拌炒山羊肉。

火炬薑筍炒長鬃山羊及碳烤山羊
全餐，鍋中紅色部分是火炬薑花
的萼片。

子上，也會放些火炬薑花絲，看起來相當美，淋上熱熱的咖哩雞，也是讓人無法忘懷的滋味。

在盛產火炬薑的婆羅洲內陸，伊班族人多半直接到屋外去採。他們對火炬薑的利用非常徹底，不像馬來半島或泰國的居民那般斯文，伊班人直接把新生、還不太老的枝條——火炬薑筍直接砍下來，將外頭的葉片及葉鞘一一剝除，類似剝箭竹筍或茭白筍一樣，剝到只剩枝條中心的髓。剝好洗淨後切斷，辛辣比花朵強得多，適合用來炒味道較強烈的肉類，例如羊肉或山豬肉。在婆羅洲內陸，帶我進入山區的伊班族人，曾用火炬薑筍炒長鬃山羊肉，經過大火猛炒，辛香徹底除掉長鬃山羊肉的腥羶，比迷迭香或百里香還厲害。

此外，在婆羅洲內陸，常可見到火炬薑開完花後結出像鳳梨的果實。伊班族人也能把它作成一道涼拌小菜。他們將未完全成熟、裂開的果實採收下來，把果實剝碎，加上少許鹽後就食用。由於火炬薑的果實帶有酸味，加上鹽，也可依照個人的口味加點糖，嚐起來就像醃黃瓜，和其他火烤肉排一起食用，是相當搭配的組合。

生炒雨林嫩葉

蠔油炒Paku。蕨類Paku，只要加上蠔油或大蒜，就可簡單炒出美味。

雨林區居民食物的來源，除了肉類有很多山豬或魚貨，素食材料並不需要特別栽植，多半是家中小孩或老人在屋後就可以採擷的，例如在東南亞（泛指泰國南部、馬來半島及整個印尼島嶼）被叫做Paku（泰國叫Pak Kud）的蕨類，在砍伐森林後的廢棄濕地上隨處可見。這種蕨類在雨季後長得特別茂密，只要採一些，就夠全家食用，味道相當鮮美，不需要特別加肉片拌炒，放些蒜頭、加點蠔油，大火快炒便夠奢華了。

守宮木是東南亞地區常見的家常植物，
多見於民家屋後。

在婆羅洲中部的肯拉必高地森林中，
可供食用的不知名的薑科植物。

此外，有「減肥菜」之稱，被誤以為可生食而導致中毒的大戟科的守宮木，也可以在婆羅洲內陸居民住家附近採到。在此地，這種野菜絕對要加熱才食用，不像台灣被弄成「精力湯」來生食。守宮木的新芽採收後，直接熱炒，不用加其他肉類，嚐起來如同豌豆苗般甘美。

婆羅洲肯拉必高地的居民，依照祖先遺留的智慧，在森林中的各個角落採集薑科植物的嫩莖，和肉類一起炒食，也是一道美味的菜餚。

或許因為馬來西亞的華人多，受到烹飪習慣的影響，當地住民料理蔬菜的方式多半以熱炒為主。

辣椒沾醬

泰國有很多蔬菜來自森林，多半也是老人或小孩放學後從森林裡採回家的。在泰國，蔬菜多半不炒食，而是洗淨後直接和特製的辣椒沾醬拌著吃。沾醬有很多口味，因地區而異，不過配方都相當繁複。其中比較平易近人的大概是清邁的Nam Prik Ong，這是一種以番茄末、肉末、辣椒、蒜頭與洋蔥拌炒出來的沾醬，混合著甜酸辣的味道，可用義大利肉醬麵的醬料，再加些蒜頭和辣椒混拌後替代。用這種醬去拌各種在野外採得的植物，再加一盤油炸小魚，配

站在販賣沾醬菜色的小舖前，讓人驚訝於這麼多野草居然是可以吃的。

著飯吃，幾乎就是許多泰北山民一餐的主菜。都市裡採不到山菜，但市場可以見到一種專門賣野生山菜的攤子，陳列許多意想不到的植物，讓人一再驚歎，原來這些都是可以吃的。

涼拌飯

這是道相當有名的泰國南部小吃，

餐廳內的辣椒沾醬菜色全景。「菜色」除了左下角的橄欖樹葉比較奇特外，其他多是一般常見的生蔬菜，右邊淡紫色的切片是波羅蜜的幼果；如果是在家中進餐，所吃的就是路邊採的各式野菜。食用時就沾放置在中央的特製醬料。（圖中是螃蟹肉醃製的辣椒沾醬）

許多前往泰南海島度假的遊客可能都嚐過。有人叫它「米飯沙拉」，而我是直接按照泰文意譯為「涼拌飯」。這小吃多半是在早上或中午前食用，清晨市集裡有人叫賣。作法是將飯煮好，涼一點後，放上剁碎的各種香草、蝦鬆和泰國蜜柚，淋上特製的甜魚露後拌勻，即可食用。由於使用的植物都沒加熱，幾乎就像吃生菜沙拉一般，能攝取豐富的纖維質。

　　其實，很多東南亞熱帶雨林區的特殊食物，和台灣原住民過去的部分食材與料理方法有不少相似之處，畢竟許多文化都源自於南島語族。

泰國與馬來西亞交界的百大年三府是涼拌飯的發源地，市場上可看到裝著材料的塑膠袋，裡面多是各種隨處可見的香辛植物葉片或花瓣的切絲，以及甜魚露、辣椒和蝦鬆等。

食用時，只要於盤中盛一碗冷飯，鋪上材料。拌勻後，再加上甜魚露與適量的辣椒粉。

196 ◎我的雨林花園

第四章
雨林植物的日常管理

園藝雜貨的運用

　　所謂「園藝雜貨」，不是指亂七八糟的東西，指的是園藝使用的道具和具有美化空間的裝飾物。

　　園藝對生活的貢獻之一是美化，然而，人們往往只注意如何將植物種得健康，讓它長出美麗的葉子或是開出豔麗的花朵，對於如何使用「園藝雜貨」讓生活空間變得更好看，似乎不怎麼在乎。

　　常常可以看到國外，特別是園藝發達的歐美日等國，園藝書籍中的花園或居家園藝空間，一副自然天成、美麗優雅的景致。即便只擺幾個盆子的小陽台，也很有氣質。仔細瞧，很難發現「塑膠盆」這類工業化的文明產物，多半是用陶盆或古董般的容器。

不該忽略園藝美學

　　當然，這些植物不是一開始就種在陶盆裡，也是經由種苗園的生產流程，流通到消費者手中，只是國外的消費者會以個人對園藝的品味或美感，更換適當的容器，讓植物變裝後，像是家裡長期培植的植物。相較之下，本地消費者多半自花市或種苗園買回植物後，便直接擺在家裡或是掛在陰棚中，如此一來，即使參觀園藝愛好者的家，多半也像是在逛「苗圃」或「蘭園」等種苗場，

許多熱中園藝的發燒友只專注於逛花市買新品種，卻疏於打理栽植環境，致使原本能舒減壓力的園藝空間，成為難以收拾的場所。

葉片滿布美麗斑點的蜂鬥草，搭配著有近似斑點的珠雞羽毛，給予一種相同系列的感覺。

平時可多留意一些自己喜歡的植物種類之圖畫，利用畫作重複主題的方式來加強視覺印象，以美化空間。

其實如果稍為注重美感，就可以擁有美麗花園，也能提高遊憩氛圍。

　　著迷園藝的人可以分為兩種，一種是以植物為點綴生活空間的素材，強調美化，另一種則是著迷於植物本身的美，並瘋狂鑽研該植物的知識與培養技巧。前者會留意園藝空間的美學，後者對此多半比較不在乎。

　　國外專精於蒐集植物的園藝愛好者，將「戰利品」帶回家後，多半還是會將盆子變更為自家風格的容器，讓它顯得更有質感與價值，等到園藝展或比賽的場合，拿出來展示的植物，可充分呈現出栽培者的用意與愛心。園藝愛好者平時就該花些工夫，留意適合家中植物盆栽規格的裝飾容器。當植物開花或呈現最完美面貌時，只要套上適合的容器，既能美化住家，訪客來時，更可顯示出屋主的品味。

　　園藝業者生產的植物大多種在塑膠類的盆子裡，因為成本低

夜晚會漂散芳香的嘉德利亞蘭及矮小的文殊蘭，是夏季花朵較少時，不可多得的盆花。

和矮小植株相比之下，花朵顯得很大的迷你嘉德利亞蘭，因為可以栽植在近似杯子大小般的花盆中，相當適合茶几上的擺飾。

即使是很常見甚至有點俗氣的招財吉祥物，利用一些構思也可以很有意境。

廉、方便管理，塑膠容器固然缺少美感，但質地輕且不易碎裂，便於貿易運輸。陶盆相較起來則易碎且笨重，比較適合家中利用。不過，針對陶盆易碎或太重的缺點，如今也有很多模仿陶盆造型的塑膠花盆，如果想兼有塑膠花盆和陶盆的優點，可試試這樣的容器。

不能偏信園藝書籍與雜誌

現在社會很容易獲得以園藝雜貨美化室外空間的媒體或訊息，但在看過完工的作品後，時而有些驚訝：或許是為了拍照，常將不合邏輯的兩種東西組裝在一起，除了組合植物本身的生理習性差異太大外，選用的雜貨常常也是一時的點綴。從園藝管理的角度來看，圖片中許多溫馨且幸福的小花園，其實無法長期管理，或者會維持得很辛苦，園藝愛好者必須能夠培養這方面的涵養，以免照抄而製造更多麻煩。

舉例來說，怕水的木材質料或其他容易腐爛的植物性材料，比較適合作臨時裝飾用，不適合作為培養。很多人用裝洋酒的木箱放置植物，甚至種在裡面，其實這種質地柔軟的松木，遇水很快就會腐爛，除非每次澆水時將植物移到他處，滴乾後再放回來。也有園藝書籍教人利用藤籃來種花，以添增自然的情趣，書中多半建議先在藤籃中放入塑膠布，然後再放入土壤，如果你不在乎藤籃爛掉，就請照著做，否則，建議你還是選用其他材質的容器，或是只用於短時間的組合裝飾，花謝後就移出。

當訪客光臨或是特殊節日，需要植物點綴時，除了改變容器，也可以參差地加入其他裝飾品。比方說，如果你培養的是國蘭，搭配的是中式的盆子，不妨在其中加入一些具有中國象徵的東西。如果你鍾情於蕨類、蘇鐵等古老植物，化石會是極佳的配角。

提升園藝品味與素養

除了盆套等容器外，其他與植物有關的物品也值得關注。比方說，如果你喜歡蘭花，很多創作於一百年前的植物圖繪可供蒐集，那個年代，蘭花還是歐洲貴族溫室中炙手可熱的珍品。將這些植物圖繪框在古典的畫框中，會是相當不錯的裝飾物。當然，熱帶植物的圖繪，比起溫帶植物如玫瑰、百合或鳶尾要少，但是應該還是不難找。其他像是餐盤、茶具或一些紡織品、海報、壁紙等，也都能夠蒐集到有美麗的熱帶植物圖樣。

葉背是紅色的蜻蜓鳳梨原種，如果只是擺在地面或與視線平行的桌面，往往無法感受到它的特殊性，若是以高聳的酒杯花盆將它立起來，便可以欣賞到葉背特有的華麗色彩。

許多人型塑像可以直接影響空間的氣氛，配上適當造型之植物可以發揮更棒的效果。

花園一角之群植迷你馬茶花，只是加入兩個小鳥雕塑後便讓人印象深刻。

將迷你非洲堇套入適當大小之挖空的樹幹，感覺起來便和塑膠盆栽植的植物差異甚大。

匍匐性的卷柏多半是利用在地被植物或吊盆，將其擺在高聳的石柱上任其蔓延而下，整個感受便完全不同。

如果蒐集的植物有地理屬性，例如墨西哥的仙人掌及空氣鳳梨，以顏色鮮豔的墨西哥織物或一些小泥塑作為搭配會是不錯的選擇。如果你蒐集的是豬籠草或豆蘭，可趁去峇里島度假時，帶一些印尼風格的木雕和蠟染回來，如此走入深度的植物蒐集與展示，必會讓訪客讚歎你的文化素養。

許多人對雜貨的印象停留在東洋風、歐洲鄉村風格、美國Garden Junk。不少人較偏愛歐式風格，對東南亞民族風較不感興趣，因此選擇熱帶植物的搭配上會有些疑遲，通常搭配的多是一般常見的草花或香草。要想突顯具有強烈熱帶氣息的觀葉植物，可以採用歐洲殖民地風格的配件。許多歐洲鄉村格調的傢俱雜貨，離開冷涼的歐洲抵達加勒比海，和當地的非洲文化與拉丁色彩揉和後，變得更加多采多姿，搭配上熱帶植物則顯得更加活潑。建議你多翻翻加勒比海的室內裝飾刊物，當

一些廢棄的木材原料或漂流木，花些巧思便可成為栽種植物或布置用途的利器。

經常逛生活雜貨店，往往可以找到布置園藝的寶物。

玻璃容器店裡有許多適合玻璃花房栽植或插花的容器。

殖民地風格的室內裝飾，可以
啟發你對熱帶植物的運用。

準備道具資材的空間

　　家中的植物要表現美感，
並非一定要以目前流行的組合
盆栽呈現，將性質類似但不同
高度的植株，置放在同系列質
感的容器裡，也是不錯的表現
方式。不妨在花園或室內空出
一個小空間，當做植物的表演
舞台，你會發現它們流露的美
感，宛如原礦用布擦拭後顯現
出的寶石光澤。當然道具資材
蒐集久了，所佔的空間不小，
也許得另外找個房間來收藏。

原本只是懸吊的松蘿鳳梨，加上一
些DIY的手法，可以變成具有生命
力的手工藝。

在花園的角落擺上一些小雕像，可以讓訪客感受到主人的巧思。

木製品極容易表現出自然的園藝雜貨風格，但要注意潮濕氣候對木製品的
影響。

與植物的相處與溝通

　　植物無法像動物一樣，立即以動作或表情表達它們的感受，多半需要一段時間（通常是幾天），栽培者需要敏感於植物的緩慢變化，只要多觀察，便會發現植物因為你的關注，和你互動了起來。植物對四周環境的變化，因種類的差異而有不同反應。例如竹芋，纖細且神經質，空氣中的濕度有些微變化時，隨時會以葉片的狀態來通知你；生長緩慢的椰子類若遭到寒害，凍傷的葉子到春天才會讓你看到。因此，面對神經質或反應遲鈍的植物，需要不同的處理方式，如果三個月後看到凍傷的葉片，才驚覺它受到寒害，任何補救措施都已無濟於事，因此，必須靠經驗預防，不能等症狀出現再做處理。

　　又如，很多人對空氣鳳梨的澆水次數感到困擾，其實栽培久了之後，或許也是犧牲了幾株之後，便會知道可依照自己對濕度的感覺或者植物的反應，來拿捏澆水時刻。在陰雨連綿的日子，即便空氣鳳梨的附著介面是乾的，它也不會死去，此時澆水，只會太濕。一般來說，著生植物多半對環境的變化較遲緩，原生於高濕度的林床或溪谷的植物則比較敏感。

花園是居住空間中最容易親近自然的場所，如果不常干擾其他生物，許多鳥類會在你想像不到的空間做窩，圖中是毬蘭吊盆中的鳥窩。

利用鹿角蕨營養葉做窩育雛的斑鳩。

石龍子或其他蜥蜴等爬蟲類,會捕食
危害植物的害蟲。

蛙類是對環境化學污染比較敏感的
生物,唯有居住的環境生態健康,
才比較容易發現牠們的蹤影。

　　經常關注植物的生長情形,一旦病蟲害發生,可提早發現並作
防治。此外,也可以藉由施肥,觀察並了解植物。雖然多數的肥料
都有建議稀釋倍數,但還是可以針對不同植物的狀態有所調整,可
在每次施用後,持續觀察植物的生長勢,再作評估與調整。

　　有不少植物,例如蘭花,會將情緒表現在根部,而不是葉片。
大多數的蘭花,葉子一年長不了幾片,但根系卻經常在長,因此,
不少蘭園將蘭花種在透明的盆子,以觀察根系的生長情形。當蘭花
的葉片停止生長,若拔起植株,往往會發現它的根系已經腐爛。因
此可將著生的種類附著在板子上,如此一來,根系一旦停止生長,
馬上就可以察覺到。

一個泰國餐廳的入口，在栽植了火炬薑與赫蕉後，便像是熱帶雨林中的祕密空間。

即使是高層住宅的陽台鐵窗，只要有半日的光照，栽種像嘉德利亞蘭這類照料簡單的蘭花，每逢花期，鐵窗上猶如花海。

花園踏石間的空間，多數是被人們遺漏而任雜草繁衍的場所，其實很多耐陰的卷柏或是部分低矮的蕨類很適合栽植其間，一旦栽培成功，不僅像是絨毯般美麗，也可以杜絕雜草滋生。

原本只是單調的牆面，栽種了下垂性的赫蕉後，經過太陽照射穿透過葉面的光線，便像是一幅畫。

許多人喜歡蒐集相同或類似造型的同屬植物，這種栽培模式或許對空間的美化與裝飾有限，但在栽培管理上卻比較簡單。

在高溫乾燥的地區或夏季沒有降雨的日子，空氣濕度會降得很低，對於需要高空氣濕度的雨林植物來說是很大的傷害，若可以構築一個水池，將植物懸掛在水池上，能讓植物獲得足夠的濕氣。

以裝飾及模擬自然為出發點的栽植，可混植不同葉形與色彩的植物，選擇習性相同的植物，可避免管理困擾。

對於攀附在樹幹或木板上的吸附植物，如風不動或其他天南星科植物，在根尚未黏著時，可以棉線來固定。

花園陰暗的一角，只以石頭為主體，其間栽植秋海棠或鐵線蕨等石灰岩環境的植物，便可以模擬自然生態，管理簡單。

雪梨植物園中的一角，在原本是空蕩蕩的玻璃溫室中規劃出許多蜿蜒的走
道，走道間以高大的植物來遮蔽視覺動線，在高大植物間再搭配上許多低
矮的耐陰林床植物以及懸垂的著生植物，如果不去注意上方的玻璃窗，跟
雨林中的步道相距不遠。

光線與位置

雨林底層的植物許多早已適應低光照的環境，一天中只有極短暫的時間可以獲得直曬或間接的日照，其他時間多是陰暗的，因此有很多植物可以供日照不足的環境選擇。

　　台灣位在北回歸線通過的地理位置，四季陽光的照射，不像高緯度國家那般，南面的窗子可以獲得大量斜射的光線，但光線僅能抵達窗戶內一公尺的範圍，夏季甚至沒有光線可以照入；而北面也並非終年陰暗，夏季可以擁有燦爛的陽光，所以不能完全照著溫帶國家的栽培模式。

　　依照熱帶植物的生態習性，再考量日照對建築物四個方位的影響，可以歸納出以下原則：

　　1.北面的環境，因為可獲得陽光的時段只有夏季，若要栽種需要陽光照射的植物，可選擇夏季生長、冬季休眠的植物；若想培植終年成長的常綠植物，則要選擇耐陰性的植物；若栽植怕冷的植物，寒冷時最好移到室內保溫。

　　2.東面陽台則適合大多數的植物。甚至原生於熱帶雨林溪谷或岩壁的植物，雖然多數時間是被遮蔽，每天還是固定有陽光直射數小時。因此，只需依據植物對光線接受的強弱來調整角度即可。

　　3.南面因為夏季照不到陽光，不適合栽種只在夏季生長且需要陽光的植物，反倒是怕冷喜陰的植物，在南面長得不錯，因為在高溫的夏季可以獲得適當的遮陰，冬季是需要加溫的季節，又可以獲得陽光的溫暖。

北面日陰的環境對鐵線蕨來說，簡直是絕佳的表演舞台。

4.朝西的環境比較不適合雨林植物，因為強烈的陽光多在午後照射，空氣濕度較低，只適合熱帶季風氣候區或雨林樹冠層較耐乾的植物，否則需要做一些設施上的修改，例如加裝遮光網、栽植喜好陽光的攀藤植物來遮光等。攀藤植物下，可

對於都市內狹隘的空間，如果陽台又是日照稀少的北向，可在所剩不多的壁面固定上鐵網，懸掛一些耐陰性不錯的苦苣苔或需光較少的蝴蝶蘭。

以培植耐高溫與陰暗的植物。此外，8月一連好幾天都有對流旺盛的午後陣雨，因此會有幾天是日陰又潮濕的狀態，部分植物會抓住機會猛長，但是陣雨一結束，習慣日陰的植物新葉，經過強烈陽光的曝曬，往往會發生灼傷。

雨林椰子最適合光照不足的北面環境，只要栽培幾株，整個空間就沉浸在雨林般的氣氛中。

石松是日陰環境中適應力不錯的懸垂植物。

觀音蓮是許多可以在日陰環境下生長良好的天南星科植物之一，葉片會各自找尋光照的投射處，不像許多蓮座型植物常需要調整植株盆栽的角度。

許多蕨類適宜在日陰的北向環境栽植，單是這些卷柏與低矮的蕨類，便有很多值得收藏。

如果環境有限，以層架的方式將需光多的植物置於最高點，需光少的置於下方，如此便能以有限的空間栽植更多的種類。

許多需光照的雨林植物選擇可以突破高聳樹冠的石灰岩為生長環境，除了坡面過於陡峭無法附著樹木的岩壁，比較和緩的坡面或是頂峰的樹林下，多是這些每日需要固定短時間直接日曬植物的最佳生長環境。

著生杜鵑每天需要有短時間強光的照射，否則生長會受到影響。

每天可以獲得短暫日照的朝南或朝東陽台，適宜栽種多種雨林中的開花植物。

孔雀薑需要短時間強光照射，
常被誤認為是極耐陰的植物，
栽植在陰暗的北面環境多半會
導致葉片徒長與稀疏。

利用屋頂可以接受陽光照射的壁面，
裝上懸吊式的花架，能讓著生杜鵑生
長良好。

如果日照環境的空間實在不足，還可以用鐵鍊把需光照的植物像曬衣服一
般吊起來。

屋簷下可以避開中午強光的東西座向
環境，很適合大岩桐這種於生長季節
每日需要接受固定日曬的植物。

可以接收短時間日照的巷子，也
很適合栽培需光較多的直立型秋
海棠。

旱地形的地生鳳梨適宜西曬的強
光環境。管理簡便，多雨季節不
會像多肉植物那樣爛死，只要別
太久沒澆水，相當耐旱。

絕大多數供作觀花的雨林植物，需
要短時間非中午直射的日照。

如果西曬環境的強光會造成生活不便，也可以栽植巨大葉片的植物遮陰。

大鄧柏花是不錯的攀緣性遮陰植物，高溫的季節還可以開出美麗的花朵。

許多水生植物很適合強光的西曬場所或屋頂，利用其水生的特性，不用在屋頂上大費工程地做防水或鋪設土壤的工程，只要一個臉盆便可以搞定。

若有大樹或搭架子，不僅可以有效遮光，且能栽種其他需要遮陰的草花。

溫度與四季變化

　　熱帶低地雨林的植物，來自四季氣溫變化不大且常處於高溫的環境，台灣中南部除了冬季極少數的日子有點冷外，大致都是不錯的植栽環境，不像北部，冬季溫度偏低，夏季似乎又過熱。

　　對照終年涼爽的熱帶高地，中南部每年的11月至翌年4月，氣候和熱帶高地幾乎一樣，但5月至10月立刻又變得像熱帶低地般炎熱。北部因為冬季12月底至翌年2月這段低溫期，陽光微弱，即便是來自熱帶高地的植物，此時也會停止生長，只有秋季10月至12月中旬和翌年3月至5月才生長良好，6月至9月則因為天氣過熱而不利生長。台灣因為有這樣的氣候變化，適合栽植各式各樣的植物，雖然仍和原生環境的氣候不盡相同，使它們無法呈現最佳的狀態，還是可以人為調整，度過不順的季節。

　　一般人只注意到白天高溫對植物的傷害，卻忽略高夜溫的影響，多數熱帶低地雨林植物對於白天的高溫都有不錯的適應力，但對台灣夏季因為熱島效應產生的高夜溫，則難以承受。高夜溫會導致植物夜晚的呼吸作用異常發

冬季遭受寒害的赫蕉，春季後部分新葉已重新成長。

怕冷的喜蔭花，在台灣北部大約11月開始降溫之際，便需要移到溫暖處，否則冬季便會凍死。

絨葉小鳳梨是常見的觀賞鳳梨中最怕冷的，若低溫持續過久，便容易死去。

遭受寒流低溫而變紅的毬蘭，其實葉片已經受到很大的傷害，即使氣溫回暖後，葉片也不會再變回綠色，最後只會提早掉落。

葉面已經凍傷的荷葉秋海棠，最後會將葉片脫落，只以根莖過冬。

許多來自低地雨林的秋海棠，冬季低於12度以下，便需以魚缸避寒。

低溫期有必要將怕冷的植物移入室內，如果光線不良，須加裝照明設施。需要高空氣濕度的植物，要將葉片以塑膠袋包裹，以免濕度過低影響生長。

有塊莖可以落葉休眠的植物，要採取乾燥過冬的方式，圖為塊莖型的鳳仙花。

達，使白天光合作用的養分幾乎消耗殆盡，長期下來便會造成植物的衰弱。

試想，熱帶低地林的植物尚且如此，何況來自夜溫更低的高地植物呢！以海拔來說，來自1500～2000公尺的熱帶高地植物，可能因為未特別降溫而死去；來自2000公尺以上的種類，多數不用降溫

設施便無法度過夏天；至於產於1500公尺以下的植物，多半可以順利度過夏天。

雖然台灣冬季南北均會降溫，但是中南部白天依然陽光普照，氣溫常在25度左右，熱帶低地植物可以在白天行光合作用，晚上的低溫對多數種類也不是太大的問題。至於熱帶高地植物，則因為溫度完全和原生地類似，生長良好。因此每年春季，中南部幾乎可以見到許多熱帶高低地植物相繼開花、爭奇鬥艷的熱鬧場面。

對於不耐熱的高海拔雲霧林植物，在高溫季節有必要以冰箱來越夏。

至於北部的冬季，因為白天低溫，光合作用無法充分，若要植物長得好，就得移到南向的位置接收陽光，或是以人工提供光照及熱源。

在不同的氣候相互交替下，來自熱帶低地的植物，在台灣北部的秋季生長到最佳狀態，而來自熱帶高地的植物，會在春末達到最佳狀態，此後便因為氣候的限制，由盛轉衰，需要人為的細心照護才能度過，如此年復一年。

其實北部這種冬季低日溫，也是許多亞熱帶植物的最低限度低溫，讓它們能在冬季完成休眠期（也就是打破冬季花芽休眠期），於春季開花，所以我們可以在北部栽種來自亞熱帶的觀賞植物，例如茶花或杜鵑。

空氣濕度、通風及水分

　　空氣濕度較難觀察，除了用濕度計，不容易用肉眼判斷或用肌膚來感覺，所以當栽培環境的濕度偏高或過低時，較無法立即修正。

　　其實，空氣濕度與環境的通風狀態有很大的關係。當空氣的濕度偏高，若空氣流通，人會覺得舒適，反之會覺得很悶；如果濕度偏低，過強的通風或強風，會讓人有皮膚緊繃的感覺，甚至覺得皮膚癢，需要高濕度的植物則會顯露出缺水的外觀，例如葉片下垂、葉面捲曲等。

　　熱帶雨林的濕度，遠比人類居住的都市高出許多，但濕度的恆定度則會因為雨林位置不同而有所差異，例如雨林的底層林床整天都維持著高濕度，因此來自這裡的植物需要特別高的濕度，必須採用玻璃花房的設施。而且，由於在原生地，它們大多生長在地表的落葉層，甚至一層薄薄的苔蘚上，藉以讓根部周遭具有更好的通氣性，因此在選擇介質時要用透氣的材料，且要避免介質過濕。

　　至於雨林樹冠層的空氣濕度，會因為日照與溫度的上升，而在中午時開始明顯下降，直到日落後才再度回升，此外高樹上有風吹拂，也會讓空氣濕度不穩定。所以，來自這種環境的

需要高濕度的植物，可以在戶外日陰處以空魚缸栽植。

蕨類的幼苗可以塑膠布防止過強的流動空氣帶走濕度。

植物，一旦移居都市，比較容易適應。

　　著生植物因為根系已經遠離恆定濕度的土壤，為了維持植株的生存，必須在吸收空氣中的水分與防止葉片水分蒸發兩者間找到平衡點。當所附著的樹幹在白天變乾時，它們會將氣孔關閉，阻止水分蒸散，等到夜晚濕度提高時，才張開氣孔，進行呼吸作用，並吸收空氣中的水分，這就是多數著生植物最好在夜晚澆水的原因。銀葉系的空氣鳳梨大多來自更乾旱的環境，台灣許多地區濕度偏高，如果通風又不好，容易導致植株腐爛，因此，和許多植物相比，它們需要更好的通風環境。這類著生植物一旦栽種於花盆中，必須等介質乾後再澆水。

　　至於高地雲霧林所在的高山地區，雲霧多是間歇性發生，且不

時伴隨著強風，間歇性雲霧帶來的濕度足以讓附生於樹幹的苔蘚存活，連帶使得與它共生的著生植物也獲得足夠的水分。這種自然條件比較複雜，在台灣平地，比較近似北部冬天的環境。來自高地雲霧林的植物，在人為的水牆溫室環境裡會長得比較理想，若養在濕度飽和但空氣不流通的缸子裡，會生長停滯。最明顯的例子是積水型空氣鳳梨，當空氣濕度不足時，葉片容易出現脫水或捲心的情形，如果直接悶在魚缸裡，容易腐爛。許多人認為這類植物難伺候，卻也促使人們設計與改良生態缸，為它裝設完善的抽風扇與噴霧系統。

在氣候乾燥的澳洲，當地園藝愛好者以塑膠布將栽植魔芋的空間圍住，以提高濕度。許多來自赤道雨林中的魔芋，沒有明確固定的休眠季節，因此需要常年保持足夠的濕度，下圖為在塑膠棚內生長良好的這類魔芋。

栽培土壤中的植株，澆水的頻繁度，須視介質乾燥的程度作調整，要在介質開始變乾時就澆水，不可以等到介質完全乾透，甚至有脫水現象時才澆水。若植株經常脫水，生長勢會變糟，就要考慮更換大一點的盆子，或者較能保濕的介質。

灌溉用水須注意水質的酸鹼度與硬度。一般來說，台灣南部水的硬度偏高，多半偏弱鹼性，而北部多為軟水，呈中性或偏弱酸性。許多雨林植物喜歡中性的軟水，特別是著生植物，不少中南部的愛花者不清楚這點，栽種一陣子後便死傷慘重。改善的方法可採用逆滲透的過濾方式，或另尋水源（例如接取雨水）。其實在

有裝空調的室內空間，最好以耐旱的著生植物（如風不動或著生仙人掌）來裝飾，比較能簡單管理。

物種繁多的雨林植物中，有很大一部分來自石灰岩環境，這類植物包括數個美麗的龐大家族，例如鐵線蕨、觀音蓮等，苦苣苔科中來自東南亞與非洲的種類也多數長在石灰岩環境，此外，中美洲產的幾個鱗狀根莖屬，也都是石灰岩植物。或許改變栽植的種類會是更好的方式。

另一方面，在軟水環境下，想栽植石灰岩植物必須在介質中添加石灰岩等，以中和逐漸酸化的介質，否則，介質酸化後，會導致根系腐爛。

修剪、施肥、繁殖與換盆

　　來自熱帶雨林的植物，除了著生杜鵑等木本灌木植物需要摘芽之外，多數不太需要修剪。最常需要動手操作的是更新與換盆。在盆子中栽培久了，植物舊根系填滿盆中，導致新根系無法生長而停滯，這時便需要換大一點的盆子，或去除部分舊根系，加入新介質。多數著生植物或長期使用根系的種類（如火鶴花），不可以修剪根系，只能更換較大的盆子。

　　有些雨林植物因原生地不斷有落葉堆積，莖會往上抽高，並冒出新根，以吸收養分。如果植物的高度過高，必須將它倒出來，去掉介質中下半部的土壤與根系，再將增高部分的莖與新根埋入介質中，讓新的根系生長。

　　有些雨林植物栽培一陣子後，舊枝生長勢開始衰退，根系也逐漸力不從心，新生枝條的根系若無法接觸到介質，植株就開始衰弱。這時，必須將新枝條剪下來扦插更新，如果不更新，植物多半會逐漸頹圮。苦苣苔的口紅花或金魚花、秋海棠、各類蔓生的天南星和匍匐成長的鴨跖草等，都需要這樣培養。

　　換盆不算小工程，最好每年固定時間施行，否則栽培久了，有些植物會老化、衰退，甚至死去。換盆時間以生長期之前為佳。許多休

播種雖然可以一次得到許多小苗，但數量過多易造成管理上的麻煩，圖為蝴蝶薑的實生苗，這種狀態需要盡快移植。

蘇鐵小苗發芽後，需要在根部尚未糾
纏一塊時移植。

眠性植物，例如薑科或球根性的苦苣苔、海棠及蘭科植物等，也應在萌芽前更換介質或進行分球。

家中可進行的簡單繁殖法以無性繁殖為主，其中「分株」最簡單也最安全，可以在換盆時一起做。採用「扦插」或「葉插」的繁殖法時，由於植株還沒有長出吸水的根系，不妨準備密閉容器或密封袋，插入枝條或葉片後澆水，連同盆子放入袋中或密閉容器內，以避免枝條或葉片中的僅存水分散失。待新根長出或出現新生的芽點後再打開袋子，但不可移出，否則葉片水分蒸發過快，根系會乾枯。須等植株逐漸適應外頭的乾空氣後再移出來。

「播種」繁殖對一般家庭來說比較麻煩，因為一次播種會產生大量的苗，除了需要較大空間，也必須經常換盆，如果不能及時移

播種成長的小苗需要準備更多的空間，圖為移植後的蝴蝶薑實生苗。

施用緩效肥時要避開植物體，以免造成肥傷，圖中過於接近肥料的枝條已經枯死。

植，容易導致幼苗生長呆滯，因此播種前得先考慮自己的空間與時間是否足夠。

關於「施肥」，如果時間不充裕，可在換盆或固定時間進行，建議採用緩效性的顆粒肥，澆水時肥料會溶解並釋放出來。若是類似附著於樹幹或板子的植栽，可將顆粒肥以細密的網子包裹，置於根系上方。對土壤鹽分敏感的植物，例如某些蘭花或竹芋，以及主要靠葉面細胞吸收肥料的積水鳳梨或空氣鳳梨，最好採用葉面施肥，以液態溶解的稀釋肥料噴灑於葉片上。施肥時機以生長期為主，避免在休眠期或不利於植株生長的時段施肥。

在狹隘的空間管理大量的盆栽植物容易彼此競生，如果沒有更大的空間，便需要修剪或摘心，以抑制枝條的蔓生或徒長，否則會導致雜亂。

病蟲害與生理障礙防治

　　栽培植物或多或少會遇到病蟲害，最常發生的是蟲害：芽蟲、介殼蟲、根粉介殼蟲、紅蜘蛛與毛蟲類和蝸牛等軟體動物，雖有各種農藥可以防治，但農藥多半是設計給大面積栽植的苗圃，較不適合施用於家中。

　　一般而言，還沒發生蟲害，不建議噴灑農藥。但是有些植物會定期發生蟲害，例如毛蟲類多半於春季後的高溫期開始發生，紅蜘蛛多發生於梅雨結束後的高溫乾燥期，不妨在蟲害發生前施用農藥。噴灑性的液態稀釋農藥在小環境的家中施用，相當危險，因為陽台風向變化莫測，很容易噴得自己滿臉，而且，在人口聚集處噴灑殺蟲劑容易引起糾紛。若可以接受化學農藥，可直接在盆中放置緩效性溶解的顆粒性農藥，施用時務必要戴手套。不過，這類農藥不適合施用於室內栽種的植物，或附著於板子等沒有介質的植物。板上的植物如果發生蟲害，可用大桶子將農藥稀釋於其中，再將板子或吊盆植物浸泡約十分鐘。

　　如果是有機栽培者，為避免化學農藥的危害下，可以使用一些防治性的生化防治劑，或利用居家材料，例如以肥皂水噴灑，用牙刷刷除等。毛蟲類可以用矽藻土防治；至於蝸牛，有許多誘殺餌料可以買到。

　　病害是另一個頭痛問題。居家的病害的原因，多半來自苗圃，許多苗圃經常定期噴灑殺菌劑，植物一旦移出苗圃，沒了殺菌劑的保護，很容易染病。最常發生的居家病害有炭疽病、疫病、細菌軟腐病和病毒等。

　　其中又以「炭疽病」最為頑強，有效的殺菌劑往往施用數次以後，便會產生抗藥性，因此必須經常更換。建議採用較新的生化防治法，也就是利用別種細菌來控制環境，壓制炭疽病原的擴散。台

炭疽病的病徵就是這種輪狀環紋的枯萎方式。

灣目前控制炭疽的生物防治細菌的研發似乎還不很理想，東南亞國家已有數種黴菌被利用於防治炭疽病。

「疫病」曾是相當危險的病菌，植株一染上，便從基部開始腐爛，所幸近年來已有多種生物防治細菌，或是施用亞磷酸，讓植物有更強的抵抗力，因此已不難防治。

「細菌性軟腐病」多半是在植物有傷口時才會發生，傷口發生的原因除了人為折損外，最常見的一是為強風所傷而感染，另一為蝸牛與蛞蝓啃咬後造成的細菌感染。一旦發生感染要盡早處理，將感染部位以乾淨的刀片徹底切除後，傷口塗上殺菌劑，置於乾燥處數日。如果置之不理，感染部位會在極短的時間擴散，患病後沒有藥劑可以治療，一旦感染嚴重，只有丟棄一途。

病毒的感染大多在植株購入時便已發生，沒有任何藥劑可以防

疫病感染時會導致植株細胞組織水解。

疫病多半自接近土面的基部開始感染。

感染紅蜘蛛的植株狀態，紅蜘蛛的種類很多，其中不少是肉眼不易察覺的，如圖中新葉忽然開始捲縮無法自然伸展，便需要留意是否為紅蜘蛛危害。

看到蝴蝶產卵於葉片時，便要移走蟲卵。

蝸牛多半自葉片中央危害，如果看到這樣的葉片破損狀態，便要找出啃食的蝸牛。

除了啃咬葉面，很多蝸牛也喜歡啃咬花朵。

許多天敵可以防護居家植物避免害蟲危害，圖為瓢蟲的幼蟲。

螳螂即使在若蟲階段，已會開始捕食危害植物的害蟲。

著生杜鵑於低溫多濕期會有葉面生理障礙，並非疾病。

治，因此，帶回前應先細心觀察。盡量避免以同一把剪刀接連著去剪不同植株的葉片，以避免病毒四處擴散，剪後要以火焰或消毒藥劑來清理剪刀，再剪下一株。

總之，病媒或害蟲，多是隨新帶回的植株所傳布的，除了選購植物前睜大眼睛選擇外，帶回家後，最好先放在隔離環境觀察一週，確認無病後，再和其他植物放在一起。

至於植株的生理障礙，外觀和病害可能會有點像。許多生理障礙是對溫度或濕度適應不良，必須更換栽培的環境，而非施用殺菌劑。此外，生理障礙也和根部老化或對介質不適應有關聯，如果栽植已久，即使曾經長得很好的植物，也需要考慮更換介質。如果新換介質後，植株越長越差，便需深入探究介質是否合適，可能是植株不喜歡你選用的材質。

選購與移動

　　一般人選購植物時，往往只注重是否有比較多的花苞，或植株比較大叢。其實還有更重要的細節要觀察，必須注意是否有被蟲子啃咬的痕跡，或者是否有病斑。若發現害蟲，必須確定自己是否能夠控制才購買，選購後，要先施藥防治，確定害蟲死光了，才能與自家栽種的植物群擺在一起。

　　確認病斑是病毒、真菌還是細菌感染造成並不容易，因此，老葉上有病斑，但新葉上沒有，還可以考慮，若新葉上有病斑，就絕對避免選購；當然，為了免去日後的麻煩，看到有病斑的植株還是最好放棄吧。

　　植物帶回後，為了配合自己的照顧方式，盆子與介質最好一起更換，日後照顧起來，較不會有問題。苗圃栽種的植物大多以肥料養大，甚至是種在顆粒肥料中，因此多半長得茂盛卻脆弱，移到少施肥的自家環境後，生長會變得較緩慢，不過更換介質後，適應一兩個月就會開始恢復生長勢。在苗圃長大的盆栽，一旦移到風較大或光照過強的自家環境，也會有些不適應，此時要仔細觀察植株的生長狀況，如果濕度偏低，須暫時移到風較小或濕度較高的場所；光照要多費心，尤其是弱光栽培的植株，瞬間移到強光下，很容易灼傷，一定要按部就班地讓它慢慢適應。

需要高濕度的植物，移動時最好先以塑膠袋包裹，以免抵達目的地時被風吹到脫水。

　　移動植物不只是由乙地移往甲地這麼簡單，有時也是不同的環境與生存條件的遷移，例如自高濕度的缸裡移到缸外，或是自室內移到

家中常用的介質

樹皮中粒與細粒
蛇木屑2、3、4號
珍珠石
多孔性石灰岩中粒與細粒（如果找不到多孔性的，一般的石灰岩也可）
多孔性火山岩（就是一般所稱的蘭石）中粒與細粒
顆粒土細粒
山土（近似茶園的紅土）
泥炭土（調整過pH的）
智利水苔

生長在潮濕岩壁的秋海棠，只以水苔便可簡單管理，不需要調配複雜的介質。

陽台等。如果要寄送植物，不可用密閉的塑膠袋包裹需要通風良好的植物，以免爛在袋中；習慣高濕度的植物，必須用密閉的塑膠容器或袋子包好，以防運輸期間脫水而死。

植物容器要以防水的塑膠袋徹底包好，以避免介質水分流出，導致紙箱軟化，運輸時損毀。若開車載運植物，最好先包好，放入紙箱中固定以免傾倒，避免直接裝在塑膠袋立於車廂內，因為轉向時容易倒伏。

如果移到環境差異較大的他處，需要緩緩移動，例如從缸子裡移出植物時，最好以密封袋套住，只在上部開口處開一個小洞，等植物適應後，開口再大一點，讓濕度緩緩降低，等植物完全適應再取下密封袋。

選購與調配介質時，大家都想知道所種植物適合的介質配方是什麼，另一種植物的介質又該如何調製，世上雖然沒有萬能配方，卻也不至於每一種植物各有自己的祕密配方。事實上，植株對水分的吸收，除了受到介質，也受制於澆水、通風等因子影響，也就是說，即使該植物喜歡透氣且稍微乾一點的介質，也可以用容易飽含水分的泥炭土來栽植，但須在澆水上作控制，讓泥炭土經常維持在較乾的狀態，一樣可以長得好。調配介質時，應該先了解植物來自哪種生長環境，觀察它的根系後再做決定。

依據生態環境常用的調配介質

其實每個地區都有不同的材料，可利用類似性質的其他替代物。例如熱帶地區最常用的椰子殼，適用於各種著生植物，可以替代泥炭土、樹皮等多種材質，只是在台灣反而不容易找到。

著生類
低地雨林—粗根類：中粒的樹皮或2號蛇木屑，也可考慮混入中粒火山岩。
低地雨林—細根類：以樹皮細粒與多孔性火山岩細粒等量混合。
高地雲霧林—根系壽命較短者（如口紅花）：以水苔、珍珠石與3號蛇木屑等量混合。
高地雲霧林—根系長期多年生者（如野牡丹藤）：以泥炭土、多孔性火山岩細粒、樹皮細粒與3號蛇木屑等量混合。
岩生類
乾燥的岩壁：多孔性火山岩細粒（如果是來自石灰岩地區的種類就改成多孔性石灰岩細粒）、樹皮中粒與細粒或蛇木屑3號等量混合。
潮濕的岩壁（如溪谷環境）：水苔與珍珠石混合（只適合短期一年用）。或採用泥炭土、珍珠石、多孔性火山岩、蛇木屑4號與樹皮細粒（可以多年不用更換介質）。
地生類
林床表面的落葉層：泥炭土、蛇木屑4號、顆粒土細粒與珍珠石的混合。
林床的土壤：山土、泥炭土、珍珠石與蛇木屑4號。

著生植物可先觀察根系。蘭科中氣根粗壯肥厚的種類，可單用中粒的樹皮或2號的蛇木屑。纖細如空氣鳳梨的根系，以樹皮細粒與多孔性火山岩細粒混合的介質（可再添加3號的蛇木屑，以防植物翻落）。附生於樹幹，但根系長在苔蘚中，可以水苔、3號蛇木屑及珍珠石等混合材質。由此可知，即使是著生植物

熱帶地區可用手邊常見的河砂、腐葉土、椰子殼和燻稻殼之混合介質，栽培雨林的林床植物。

仍可作不同處理。至於介質的粗細，應依據根系的粗細而定，根越粗採用顆粒較大，反之，纖細根系的植株該採用較細密的材質。

國家圖書館出版品預行編目

我的雨林花園／夏洛特著--初版--
--臺北市：商周出版：家庭傳媒
城邦分公司發行，民98.08
240面： 15*23公分. --（綠指環生活書；04）
ISBN 978-986-6369-19-3（精裝）
1.園藝學 2.熱帶植物
435.4   98012602

綠指環生活書4

我的雨林花園

作　　者／夏洛特		企劃選書／張碧員	
攝　　影／夏洛特		責任編輯／魏秀容	
特約主編／張碧員		美術設計／徐偉	
編輯協力／游紫玲			

版　　權／黃淑敏、翁靜如
行銷業務／林彥伶、林詩富
副總編輯／何宜珍
總 經 理／彭之琬
發 行 人／何飛鵬
法律顧問／台英國際商務法律事務所　羅明通律師
出　　版／商周出版
　　　　　臺北市中山區民生東路二段141號9樓
　　　　　電話：(02) 2500-7008　傳真：(02) 2500-7759
　　　　　E-mail：bwp.service@cite.com.tw
發　　行／英屬蓋曼群島商家庭傳媒股份有限公司城邦分公司
　　　　　臺北市中山區民生東路二段141號2樓
　　　　　讀者服務專線：0800-020-299　24小時傳真服務：(02)2517-0999
　　　　　讀者服務信箱E-mail：cs@cite.com.tw
劃撥帳號／19833503　戶名：英屬蓋曼群島商家庭傳媒股份有限公司城邦分公司
訂購服務／書虫股份有限公司客服專線：(02)2500-7718；2500-7719
　　　　　服務時間：週一至週五上午09:30-12:00；下午13:30-17:00
　　　　　24小時傳真專線：(02)2500-1990；2500-1991
劃撥帳號：19863813　戶名：書虫股份有限公司
　　　　　E-mail：service@readingclub.com.tw
香港發行所／城邦(香港)出版集團有限公司
　　　　　香港灣仔駱克道193號東超商業中心1樓
　　　　　電話：(852) 2508 6231傳真：(852) 2578 9337
馬新發行所／城邦(馬新)出版集團
　　　　　Cite (M) Sdn. Bhd. (458372U)
　　　　　11, Jalan 30D/146, Desa Tasik, Sungai Besi,
　　　　　57000 Kuala Lumpur, Malaysia.
　　　　　電話：603-90563833　傳真：603-90562833
行政院新聞局北市業字第913號

印　　刷／中原造像股份有限公司
總 經 銷／聯合發行股份有限公司　　電話：(02)2917-8022　傳真：(02)2915-6275

■2009年（民98）8月初版　　　　　　Printed in Taiwan
定價480元